高等学校“十三五”规划教材

大学化学实验(Ⅲ)

——有机化学实验

吕丹　厉安昕　吴晓艺　主编

化学工业出版社

·北京·

内容简介

《大学化学实验（Ⅲ）——有机化学实验》全书共分为5章，主要内容包括：有机化学实验基础知识（第1章）、有机化学实验基本操作和技术（第2章）、基础有机化学实验（第3章）、综合性有机化学实验（第4章）、有机化合物的鉴定（第5章）。其中有机化学实验基本操作和技术系统地介绍有机化学实验中常用的一些重要操作原理和技术；基础有机化学实验部分是对有机化学理论课学习的重要补充，可作为理解理论课内容的重要手段；综合性有机化学实验包括天然有机化合物的提取和分离实验、研究性实验和设计性实验。本书所精选实验内容代表性强，实验可操作性强，且更加注重实验室安全，尽量选用污染少、价格低廉且易得的反应原料，符合绿色化学的原则。

《大学化学实验（Ⅲ）——有机化学实验》可作为高等院校化学类、化工类、材料类、生物类、环境类等专业的本科生教材，也可供有机化学领域相关人员参考。

图书在版编目（CIP）数据

大学化学实验. Ⅲ，有机化学实验/吕丹，厉安昕，吴晓艺主编. —北京：化学工业出版社，2021.5（2024.2重印）

高等学校“十三五”规划教材

ISBN 978-7-122-38527-7

Ⅰ.①大… Ⅱ.①吕… ②厉… ③吴… Ⅲ.①化学实验-高等学校-教材②有机化学-化学实验-高等学校-教材 Ⅳ.①O6-3

中国版本图书馆CIP数据核字（2021）第026643号

责任编辑：褚红喜　宋林青

责任校对：赵懿桐　　装帧设计：关　飞

出版发行：化学工业出版社（北京市东城区青年湖南街13号　邮政编码100011）

印　　装：北京科印技术咨询服务有限公司数码印刷分部

787mm×1092mm　1/16　印张10　字数246千字　2024年2月北京第1版第3次印刷

购书咨询：010-64518888　　售后服务：010-64518899

网　　址：http://www.cip.com.cn

凡购买本书，如有缺损质量问题，本社销售中心负责调换。

定　　价：29.80元

《大学化学实验（Ⅲ）——有机化学实验》

编写组

主　编　吕　丹　厉安昕　吴晓艺

副主编　张林楠　梁吉艳　关银燕　何　鑫

编　者　（按姓氏笔画排序）

于　杰　王　铮　厉安昕　吕　丹

刘　利　关银燕　吴晓艺　何　鑫

张　进　张　帆　张宇航　张林楠

娄桂艳　梁吉艳　鲍　佳　吴　阳

前言

有机化学实验是一门重要的基础实践课，该课程的教学目标旨在使学生系统地理解有机化学实验基本理论，学习有机化学实验基本操作技术，掌握有机化合物的物理常数测定、化学性质鉴别、基本制备方法和分离技术。通过有机化学实验的学习与培训，使学生在素质教育中不断巩固和提高科学文化素质，在培养学生解决问题能力、分析问题能力以及心理素质等方面起着非常重要的作用。

本教材主要内容包括有机化学实验基础知识、有机化学实验基本操作和技术、基础有机化学实验、综合性有机化学实验以及有机化合物鉴定。首先从基本操作技术开始，系统地介绍有机化学实验中常用的一些重要操作的原理和技术，旨在使学生能熟练掌握各项基本操作，从而为后面的实验内容打好基础。基础有机化学实验部分则是对有机化学理论课学习的重要补充，是理解理论课内容的重要手段。综合性有机化学实验包括天然有机化合物的提取和分离实验、研究性实验和设计性实验，其中设计性实验主要是为使学生熟悉文献调研、方案设计及实施等科研过程，提高学生实践和创新能力。

本书的内容注重实验室安全，尽量选用污染少、价格低廉且易得的反应原料，符合绿色化学的原则。本书的策划、统稿和定稿由沈阳工业大学吕丹、吴晓艺和沈阳科技学院历安昕完成。参与本书编写工作的还有沈阳工业大学关银燕、于杰、刘利、娄桂艳、张进、张林楠、梁吉艳、鲍佳、张宇航、吴阳、张帆，沈阳科技学院何鑫，沈阳理工大学王铮，在此对各位编委们致以衷心的感谢。此外，化学工业出版社对本书的编写也给予了大力支持和帮助，也一并表示衷心感谢。

由于编者水平有限，书中难免有错误和不妥之处，敬请读者批评指正。

编者

2021 年 1 月

目　录

第1章　有机化学实验基础知识　/　1

1.1　有机化学实验及其分类 ---------- 1
1.2　有机化学实验室的安全知识及常见事故的预防和处置 ---------- 2
1.2.1　有机化学实验室的安全守则 ---------- 2
1.2.2　实验室事故的预防 ---------- 2
1.2.3　事故的处理和急救 ---------- 4
1.2.4　急救用具 ---------- 5
1.3　实验室学生守则 ---------- 6
1.4　实验预习、实验记录和实验报告 ---------- 6
1.4.1　预习和预习笔记 ---------- 6
1.4.2　实验记录 ---------- 7
1.4.3　实验报告 ---------- 7
1.4.4　实验报告的格式 ---------- 7
1.5　有机化学实验的常用仪器和装置 ---------- 10
1.5.1　有机化学实验常用的玻璃仪器 ---------- 10
1.5.2　玻璃仪器的连接与装配 ---------- 12
1.5.3　有机化学实验常用装置 ---------- 13
1.5.4　仪器的选择、装配与拆卸 ---------- 16
1.5.5　常用玻璃器皿的洗涤和干燥 ---------- 17
1.5.6　常用仪器的保养 ---------- 18
1.5.7　小型电器设备 ---------- 18
1.5.8　其他仪器和器具 ---------- 20

第2章　有机化学实验基本操作和技术　/　21

2.1　化学试剂的取用 ---------- 21
2.1.1　试剂规格 ---------- 21
2.1.2　固体试剂的称取 ---------- 21
2.1.3　液体试剂的量取 ---------- 22

2.2 物质的加热 22
2.2.1 直接加热 22
2.2.2 水浴加热 22
2.2.3 油浴加热 23
2.2.4 空气浴加热 23
2.2.5 沙浴加热 23
2.2.6 微波加热 23
2.2.7 其他加热方法 24
2.3 物质的冷却 24
2.3.1 冰水冷却 25
2.3.2 冰盐冷却 25
2.3.3 干冰或干冰与有机溶剂混合冷却 25
2.3.4 液氮冷却 25
2.3.5 低温浴槽冷却 26
2.4 物质的干燥 26
2.4.1 液体的干燥 26
2.4.2 固体的干燥 29
2.4.3 气体的干燥 30
2.5 搅拌方法 30
2.5.1 手工搅拌 30
2.5.2 电动搅拌 31
2.5.3 磁力搅拌 31
2.6 蒸馏与分馏 31
2.6.1 理想溶液的蒸馏原理 32
2.6.2 简单蒸馏 33
2.6.3 简单分馏 37
2.6.4 减压蒸馏 38
2.6.5 非理想溶液的蒸馏 41
2.6.6 水蒸气蒸馏 43
2.6.7 直接水蒸气蒸馏 46
2.7 回流 46
2.7.1 回流原理 46
2.7.2 回流的装置 47
2.7.3 回流的操作及注意事项 48
2.8 萃取 48
2.8.1 液-液萃取 48
2.8.2 液-固萃取 51
2.8.3 化学萃取 52
2.9 重结晶 52
2.9.1 基本原理 52
2.9.2 溶剂的选择 53

2.9.3 重结晶的操作方法 54
2.10 升华 58
2.10.1 适用范围 58
2.10.2 基本原理 58
2.10.3 升华的装置 59
2.10.4 注意事项 60
2.11 色谱分离技术 60
2.11.1 柱色谱原理 60
2.11.2 柱色谱的操作方法 63
2.11.3 柱色谱操作中应注意的问题 65
2.11.4 薄层色谱的原理 66
2.11.5 薄层色谱的操作 67
2.12 物理常数的测定 70
2.12.1 熔点的测定 70
2.12.2 折射率的测定 74
2.12.3 比旋光度的测定 77

第3章 基础有机化学实验 / 80

实验一 熔点测定和温度计的校正 80
实验二 工业乙醇的简单蒸馏和分馏 82
实验三 环己烯的制备 83
实验四 正溴丁烷合成 85
实验五 乙酸正丁酯的合成 86
实验六 季铵盐的制备 87
实验七 肉桂酸的制备 89
实验八 乙酸乙烯酯的乳液聚合 90
实验九 正丁醚的制备 92
实验十 乙酰苯胺的制备 94
实验十一 3-丁酮酸乙酯的制备 96
实验十二 苯甲酸与苯甲醇的制备 98
实验十三 己二酸的制备 99
实验十四 2-甲基-2-氯丙烷的制备 100
实验十五 苯甲酸和苯甲醛的制备 101

第4章 综合性有机化学实验 / 103

4.1 天然有机化合物的提取和分离实验 103
实验十六 肉桂醛的提取 103
实验十七 菠菜叶色素的分离 104
实验十八 红辣椒中色素的分离 106

实验十九　从茶叶中提取咖啡因 109
4.2　研究性实验 110
实验二十　增塑剂邻苯二甲酸二正丁酯的合成及其酸值的测定 110
实验二十一　阿司匹林的制备 113
实验二十二　二亚苄基丙酮的制备 115
实验二十三　甲基橙的制备 116
4.3　设计性实验 118
设计题目一：由环己醇制备己二酸二酯 119
设计题目二：乙酸异戊酯的绿色合成条件研究 120
设计题目三：手工皂的制作 121

第5章　有机化合物的鉴定　/　123

5.1　烷、烯、炔的鉴定 123
5.2　卤代烃的鉴定 125
5.3　醇的鉴定 126
5.4　酚的鉴定 127
5.5　醛和酮的鉴定 128
5.6　乙酰乙酸乙酯的鉴定 132
5.7　硝基化合物的鉴定 132
5.8　胺的鉴定 133
5.9　糖的鉴定 134
5.10　氨基酸和蛋白质的鉴定 135

附录　/　138

附录1　常见共沸混合物 138
附录2　常用酸碱溶液的质量分数与物质的量浓度、密度对照表 139
附录3　酸碱指示剂 140
附录4　部分有机化合物的酸离解常数 141
附录5　常用有机溶剂的纯化 142
附录6　有机化学文献和手册中常见的英文缩写 147

主要参考文献　/　150

第 1 章　有机化学实验基础知识

1.1　有机化学实验及其分类

有机化学是一门实验科学。有机化学的理论是在大量实验的基础上产生，并接受其检验而得到发展和逐步完善的，因此有机化学实验至关重要。有机化学实验课的基本任务在于：①印证有机化学理论并加深对理论的理解；②训练有机化学实验的基本操作能力；③培养理论联系实际、严谨求实的实验作风和良好的实验习惯；④培养学生的初步科研能力，即根据原料及产物的性质正确选择反应路线和分离纯化路线，正确控制反应条件，准确记录实验数据及对实验结果综合整理分析的能力。

从实验目的考虑，有机化学实验可分为有机分析实验、有机合成实验、分离纯化实验及理论探讨性实验。

（1）有机分析实验

① 常数测定实验　以确定化合物的某项物理常数为目的，一般不发生化学反应。

② 化合物性质实验　以确定化合物是否具有某种性质或某种官能团为目的。

③ 元素定性分析实验　以确定化合物中是否含有某种元素为目的。

④ 元素定量分析实验　以确定化合物中某种元素的含量多少为目的。

⑤ 波谱实验　通过测定化合物的某种特征吸收或化合物分子受到高能量电子束的轰击时裂解出的碎片来确定化合物的结构特征。

（2）有机合成实验

有机合成实验以通过化学反应获取反应产物为目的。

（3）分离纯化实验

分离纯化实验以从混合物中获得某种预期成分为目的，一般不发生化学变化。

（4）理论探讨性实验

理论探讨性实验包括对反应动力学、反应机理、催化机理、反应过渡态的研究等。

有机合成实验和分离纯化实验也合称为制备实验。一次具体的实验往往涉及两类或三类实验，例如通过有机合成实验得到的是产物、副产物、未反应的原料、溶剂、催化剂等的混合物，需进行分离纯化实验才能得到较纯净的产物，最后还需通过适当的有机分析实验来鉴定产物。

有机化学实验中反复使用的、具有固定规程和要点的操作单元称为基本操作。复杂的实验是基本操作的不同组合。因此，基本操作能力训练是有机化学实验课程的核心任务。为训练基本操作能力而专门设计的实验称为基本操作实验。

有机实验的成功与否包括两个方面：一是实验的结果（如预期的现象是否出现，预期的产物是否得到以及产物的质量和收率等）；二是操作条件控制的准确性和记录的完整性，一般说来后者更为重要，因为实验结果不理想可以通过改变实验条件而逐步改进，而条件控制不准确则是一笔糊涂账，无法再现实验结果。

1.2 有机化学实验室的安全知识及常见事故的预防和处置

由于有机化学实验所用的药品多数是有毒、可燃、有腐蚀性或有爆炸性的，所用的仪器大部分是玻璃制品，所以，在有机化学实验室工作，若粗心大意就容易发生事故，如割伤、烧伤、火灾、中毒或爆炸等，因此，必须认识到化学实验室是潜在危险的场所。只要我们经常重视安全问题，提高警惕，实验时严格遵守操作规程，加强安全措施，事故是可能避免的。下面介绍实验室的安全守则和实验室事故的预防和处理。

1.2.1 有机化学实验室的安全守则

有机化学实验室的安全守则如下：

① 实验开始前应检查仪器是否完整无损，装置是否正确，在征得指导教师同意之后，方可进行实验。

② 实验进行时，不得离开岗位，要注意反应进行的情况以及装置有无漏气和破裂等现象。

③ 当进行有可能发生危险的实验时，要根据实验情况采取必要的安全措施，如戴防护眼镜、面罩或橡皮手套等，但不能戴隐形眼镜。

④ 使用易燃、易爆药品时，应远离火源。实验试剂不得入口。严禁在实验室内吸烟或吃食物。实验结束后要认真洗手。

⑤ 熟悉安全用具如灭火器材、砂箱以及急救药箱的放置地点和使用方法，并妥善爱护。安全用具和急救药品不准移作他用。

1.2.2 实验室事故的预防

1.2.2.1 火灾的预防

实验室中使用的有机溶剂大多数是易燃的，火灾是有机实验室常见的事故之一，应尽可能避免使用明火。

防火的基本原则有下列几点注意事项：

(1) 在操作易燃的有机溶剂时要特别注意：

① 应远离火源。

② 勿将易燃液体放在敞口容器中（如烧杯）直火加热。

③ 加热必须在水浴中进行，切勿使容器密闭，否则会造成爆炸。当附近有露置的易燃溶剂时，切勿点火。

(2) 在进行易燃物质实验时，应养成先将酒精一类易燃的物质搬开的习惯。

(3) 蒸馏装置不能漏气，如发现漏气时，应立即停止加热，检查原因。若塞子被腐蚀，则待冷却后，才能换掉塞子。接收瓶不宜用敞口容器（如广口瓶、烧杯等），而应使用窄口容器（如三角烧瓶等）。从蒸馏装置接收瓶排出来的尾气的出口处应远离火源，最好用橡皮管引入下水道或室外。

(4) 回流或蒸馏低沸点易燃液体时应注意：

① 应放数粒沸石或素烧瓷片或一端封口的毛细管，以防止暴沸。若在加热后才发现未放这类物质时，绝不能急躁，不能立即揭开瓶塞补放，而应停止加热，待被蒸馏的液体冷却后才能加入，否则，会因暴沸而发生事故。

② 严禁直接加热液体。

③ 瓶内液体量不能超过瓶容积的 2/3。

④ 加热速度宜慢，不能过快，避免局部过热。总之，蒸馏或回流易燃低沸点液体时，一定要谨慎，不能粗心大意。

(5) 用油浴加热进行蒸馏或回流时，必须十分注意避免由于冷凝用水溅入热油浴中使油外溅到热源上而引起火灾的危险。通常发生危险的原因主要是橡皮管套进冷凝管不紧密，开动水阀过快，水流过猛把橡皮管冲出来。所以，要求橡皮管套入冷凝管侧管时要紧密，开动水阀时也要慢动作，使水流慢慢通入冷凝管内。

(6) 当处理大量的可燃性液体时，应在通风橱中或在指定地方进行，室内应无火源。

(7) 不得把燃着或者带有火星的火柴梗或纸条等乱抛乱掷，也不得丢入废物缸中，否则会发生危险。

1.2.2.2 爆炸的预防

在有机化学实验里，一般预防爆炸的措施如下：

(1) 蒸馏装置必须正确，不能造成密闭体系，应使装置与大气相连通；减压蒸馏时，不能用三角烧瓶、平底烧瓶、锥形瓶、薄壁试管等不耐压容器作为接收瓶或反应瓶，否则，易发生爆炸，而应选用圆底烧瓶作为接收瓶或反应瓶。无论是常压蒸馏还是减压蒸馏，均不能将液体蒸干，以免局部过热或产生过氧化物而发生爆炸。

(2) 切勿使易燃易爆的气体接近火源，有机溶剂如醚类和汽油一类物质的蒸气与空气相混时极为危险，可能会因为一个热的表面或者一个火花、电花而引起爆炸。

(3) 使用乙醚等醚类时，必须检查有无过氧化物存在。如果发现有过氧化物存在时，应立即用硫酸亚铁除去过氧化物才能使用，同时使用乙醚时应在通风较好的地方或在通风橱内进行。

(4) 对于易爆炸的固体，如重金属乙炔化物、苦味酸金属盐、三硝基甲苯等都不能重压或撞击，以免引起爆炸，对于这些危险物质的残渣，必须小心销毁。例如，重金属乙炔化物可用浓盐酸或浓硝酸使它分解，重氮化合物可加水煮沸使它分解等。

(5) 卤代烷勿与金属钠接触，因反应剧烈易发生爆炸。钠屑必须放在指定的地方。

1.2.2.3 中毒的预防

大多数化学药品都具有一定的毒性。中毒主要是通过呼吸道和皮肤接触有毒物品而对人体造成危害的。因此预防中毒应做到：

(1) 称量药品时应使用工具，不得直接用手接触，尤其是有毒药品。做完实验后，应洗手后再吃东西。任何药品不能用嘴尝。

(2) 剧毒药品应妥善保管，不许乱放，实验中所用的剧毒物质应有专人负责收发，并向使用毒物者提出必须遵守的操作规程。实验后的有毒残渣必须做妥善而有效的处理，不准乱丢。

(3) 有些剧毒物质会渗入皮肤，因此，接触这些物质时必须戴橡皮手套，操作后应立即洗手，切勿让其沾及五官或伤口。

(4) 在反应过程中可能生成有毒或有腐蚀性气体的实验应在通风橱内进行，使用后的器皿应及时清洗。实验开始后不要把头部伸入橱内。

1.2.2.4 触电的预防

使用电器时，应防止人体与电器导电部分直接接触，不能用湿手或用手握湿的物体接触电源插头。为了防止触电，装置和设备的金属外壳等都应连接地线，实验后应切断电源，再将连接电源的插头拔下。

1.2.3 事故的处理和急救

(1) 火灾的处理

实验室一旦发生失火，室内全体人员应积极而有秩序地参加灭火，一般采用如下措施：一方面，为防止火势蔓延，立即关闭煤气灯，熄灭其他火源，拉开室内总电闸，搬开易燃物质。另一方面，立即灭火。有机化学实验室灭火，常采用使燃着的物质隔绝空气的办法，通常不能用水，否则，会引起更大火灾。在失火初期，不能用口吹，必须使用灭火器、砂、毛毡等。若火势小，可用数层湿布把着火的仪器包裹起来。如在小器皿内着火（如烧杯或烧瓶内），可盖上石棉板或瓷片等，使之隔绝空气而灭火，绝不能用口吹。

如果油类着火，要用砂或灭火器灭火，也可撒上干燥的固体碳酸氢钠粉末。

如果电器着火，首先应先切断电源，然后用二氧化碳灭火器或四氯化碳灭火器灭火（注意：四氯化碳蒸气有毒，在空气不流通的地方使用有危险!）。这些灭火剂不导电，不会使人触电。电器着火绝不能用水和泡沫灭火器灭火，因为水能导电，会使人触电甚至死亡。

如果衣服着火，切勿奔跑，而应立即往地上打滚，邻近人员可用毛毡或棉胎一类东西盖在其身上，使之隔绝空气而灭火。

总之，当失火时，应根据起火的原因和火场周围的情况，采取不同的方法灭火。无论使用哪一种灭火器材，都应从火的四周开始向中心扑灭，把灭火器的喷出口对准火焰的底部。在抢救过程中切勿犹豫。

(2) 玻璃割伤

玻璃割伤也是有机化学实验中常见的事故，受伤后要仔细观察伤口有没有玻璃碎片，如有，应先把伤口处的玻璃碎片取出。若伤势不重，先进行简单的急救处理，如涂上万花油，再用纱布包扎；若伤口严重、流血不止，可在伤口上部约 10cm 处用纱布扎紧，减慢流血，压迫止血，并随即到医院就诊。

(3) 药品的灼伤

皮肤接触了腐蚀性物质后可能被灼伤。为避免灼伤，在接触这些物质时，最好戴橡胶手套和防护眼镜。发生灼伤时应按下列要求处理：

① 酸灼伤

a. 皮肤上　立即用大量水冲洗，然后用5%碳酸氢钠溶液洗涤后，涂上油膏，并将伤口包扎好。

b. 眼睛上　抹去溅在眼睛外面的酸，立即用水冲洗，用洗眼杯或将橡皮管套上水龙头用慢水对准眼睛冲洗后，立即到医院就诊；或者再用稀碳酸氢钠溶液洗涤，最后滴入少许蓖麻油。

c. 衣服上　依次用水、稀氨水和水冲洗。

d. 地板上　撒上石灰粉，再用水冲洗。

② 碱灼伤

a. 皮肤上　先用水冲洗，然后用饱和硼酸溶液或1%乙酸溶液洗涤，再涂上油膏，并包扎好。

b. 眼睛上　抹去溅在眼睛外面的碱，用水冲洗，再用饱和硼酸溶液洗涤后，滴入蓖麻油。

c. 衣服上　先用水洗，然后用10%乙酸溶液洗涤，再用氢氧化铵中和多余的乙酸，最后用水冲洗。

③ 溴灼伤　如溴弄到皮肤上时，应立即用水冲洗，涂上甘油，敷上烫伤油膏，将伤处包好。如眼睛受到溴的蒸气刺激，暂时不能睁开时，可对着盛有酒精的瓶口片刻。

上述各种急救法，仅为暂时减轻疼痛的措施。若伤势较重，在急救之后，应速送医院诊治。

(4) 烫伤

烫伤时，轻伤者涂以玉树油或鞣酸油膏，重伤者涂以烫伤油膏后立即送医务室诊治。

(5) 中毒

溅入口中而尚未咽下的毒物应立即吐出来，用大量水冲洗口腔；如已吞下时，应根据毒物的性质服解毒剂，并立即送医院急救。

① 腐蚀性毒物　对于强酸，先饮大量的水，再服氢氧化铝膏、鸡蛋白；对于强碱，也要先饮用大量的水，然后服用醋、酸果汁、鸡蛋白。不论酸或碱中毒都需大量饮用牛奶，不要吃呕吐剂。

② 刺激性及神经性中毒　先服牛奶或鸡蛋白使之缓和，再服用硫酸铜溶液（约30g溶于一杯水中）催吐，有时也可以用手指伸入喉部催吐后，立即到医院就诊。

③ 吸入气体中毒　将中毒者移至室外，解开衣领及纽扣。吸入大量氯气或溴气者，可用碳酸氢钠溶液漱口。

1.2.4 急救用具

(1) 消防器材

消防器材包括泡沫灭火器、四氯化碳灭火器（弹）、二氧化碳灭火器、砂、石棉布、毛毡、棉胎和淋浴用的水龙头。

(2) 急救药箱

急救药箱中应包括碘酒、双氧水、饱和硼砂溶液、1%乙酸溶液、5%碳酸氢钠溶液、70%酒精、玉树油、烫伤油膏、万花油、药用蓖麻油、硼酸膏或凡士林、磺胺药粉、洗眼杯、消毒棉花、纱布、胶布、绷带、剪刀、镊子、橡皮管等。

1.3 实验室学生守则

(1) 实验前须认真预习有关实验内容，明确实验的目的和要求，了解实验原理、反应特点、原料和产物的性质及可能发生的事故，写好预习报告。

(2) 实验中要集中思想，认真操作，仔细观察，如实记录，不做与该次实验无关的事情。

(3) 遵从教师指导，严格按规程操作，未经教师同意，不得擅自改变药品用量、操作条件和操作程序。

(4) 保持实验台面、地面、仪器及水槽的整洁。所有废弃的固体物应丢入废物缸，不得丢入水槽，以免堵塞下水道。

(5) 爱护公物，节约水、电、煤气。不得私自将药品、仪器带出实验室。

(6) 实验完毕，清洗仪器并收藏好，清理实验台面，经教师检查合格后方可离开实验室。

(7) 值日生须做好地面、公共台面、水槽的卫生并清理废物缸，检查水、电、煤气是否关好，关好门窗，经检查合格后方可离开。

1.4 实验预习、实验记录和实验报告

1.4.1 预习和预习笔记

为了做好实验、避免事故，在实验前必须对所要做的实验有尽可能全面和深入的认识。预习的内容包括：

(1) 实验的目的要求；

(2) 实验原理（化学反应原理和操作原理），用反应式写出主反应及其副反应，并写出反应机理，简述操作原理；

(3) 画出反应及产物纯化过程的流程图；

(4) 按实验报告要求填写实验所用试剂及产物的物理性质、化学性质及规格用量；

(5) 画出实验主要反应所用的仪器装置图；

(6) 写出实验的操作程序和操作要领，实验中可能出现的现象和可能发生的事故等。

预习时，要认真阅读实验的有关章节（含理论部分、操作部分），查阅适当的手册，做好预习笔记。应清楚每一步的目的，本次实验的关键步骤和难点，实验中的安全问题等。

1.4.2 实验记录

在实验过程中应认真操作，仔细观察，勤于思索，同时应将观察到的实验现象及测得的各种数据及时真实地记录下来。如反应液颜色的变化，有无沉淀及气体出现，固体的溶解情况，以及加热温度和加热后反应的变化等，都应认真记录。同时还应记录加入原料的颜色和加入的量、产物的颜色和产量、产物的熔点或沸点等物理化学数据。记录要与操作步骤一一对应，内容要简明扼要，条理清楚。记录直接写在报告上。可用各种符号代替文字叙述。例如用“△”表示加热，“↓”表示沉淀生成，“$T\uparrow 60℃$”表示温度上升到60℃等。

实验记录内容包括：

① 按照实验顺序，记录加入试剂的用量、加热温度和反应时间。

② 记录实验现象。

③ 产物的外观和产量。

1.4.3 实验报告

实验报告是将实验操作、实验现象及所得各种数据综合归纳、分析提高的过程，是把直接的感性认识提高到理性概念的必要步骤，也是向导师报告、与他人交流及储存备查的手段。实验报告是将实验记录整理而成的，具体内容包括：

（1）对实验现象逐一进行正确的解释，尽量用反应式表示。

（2）计算产率。应注意：多种原料参加的反应，以最小物质的量的原料为准；有异构体存在时，以各异构体理论产量之和进行计算。

$$产率=\frac{实际产量}{理论产量}\times 100\%$$

（3）填写测试的物理常数，并注明测试条件，如温度、压力等。

（4）对实验进行总结与讨论，包括：对实验结果和产物进行分析；写出实验的体会；分析实验中出现的问题和解决的方法；对实验提出建设性的建议等。

1.4.4 实验报告的格式

有机化学实验的实验报告示例如下：

实验题目　1-溴丁烷的制备

一、实验目的

1.学习由醇制备溴代烷的原理和方法。

2.初步掌握带有有害气体吸收的加热回流装置的基本操作，进一步巩固蒸馏装置和分液漏斗的使用方法。

二、实验原理

主反应：

$$NaBr + H_2SO_4 \longrightarrow HBr + NaHSO_4$$

$$C_4H_9OH + HBr \xrightarrow{H_2SO_4} C_4H_9Br + H_2O$$

副反应：

$$CH_3CH_2CH_2CH_2OH \xrightarrow{H_2SO_4} CH_3CH_2CH{=}CH_2 + H_2O$$

$$C_4H_9OH \xrightarrow{H_2SO_4} (C_4H_9)_2O + H_2O$$

$$2NaBr + 3H_2SO_4 \longrightarrow Br_2 + SO_2 + 2H_2O + 2NaHSO_4$$

三、主要试剂及其物理常数

试剂名称	分子量	熔点/℃	沸点/℃	相对密度	相对折射率	溶解度/(g/100mL)	
						水	乙醇
正丁醇	74.12	−89.8～−89.2	117.71	0.8098	1.3993	7.920	混溶
无水溴化钠	102.89	−112.4	101.6	1.299	1.4398	不溶	混溶
硫酸	98	10.38	340	1.83	—	—	—

四、主要试剂的规格及用量

试剂名称	规格	实际用量		理论物质的量/mol	过量/%
		质量/g	物质的量/mol		
正丁醇	分析纯	5.02	0.068	0.068	0
无水溴化钠	分析纯	8.3	0.08	0.068	17.65
硫酸	98%,分析纯	17.64	0.18	0.08	125

五、仪器装置

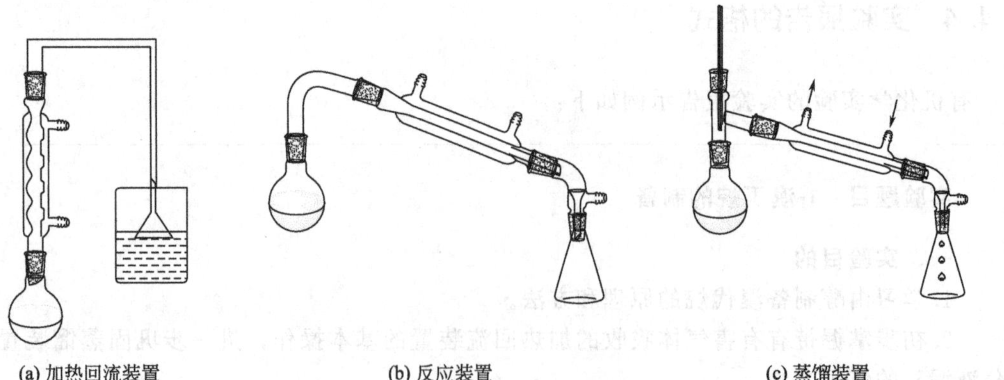

(a) 加热回流装置　(b) 反应装置　(c) 蒸馏装置

六、实验流程图

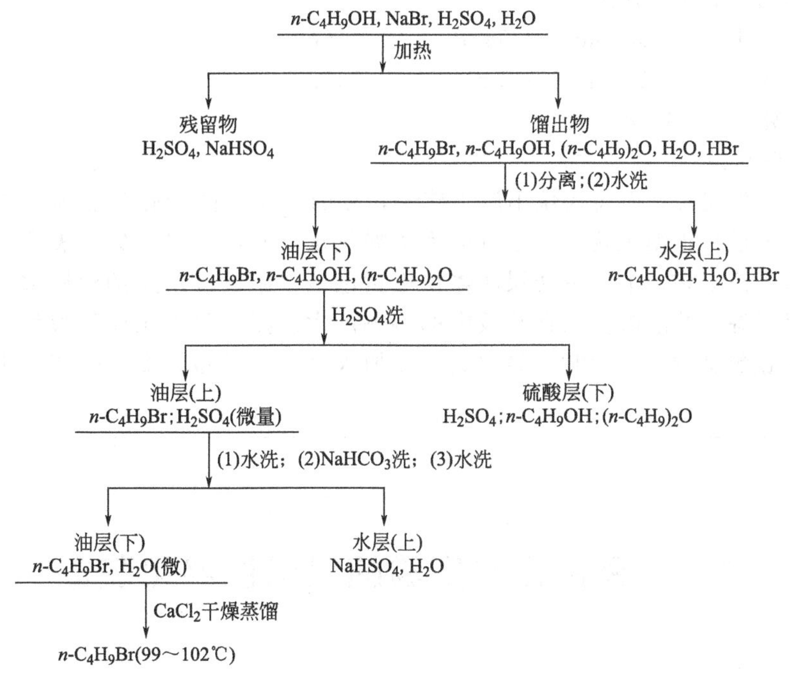

七、实验记录

时间	步骤	现象	备注
1∶30	安装反应装置		
1∶45	在小锥形瓶中加入 10mL 水，缓慢滴加 10mL 浓硫酸	放热，锥形瓶发热	
1∶50	振荡冷却		
2∶00	在烧瓶中加入 6.2mL 正丁醇、8.3g 溴化钠，加沸石，振荡，使之溶解	溶液不分层，溴化钠不全溶	
2∶10	振荡下滴加稀释的硫酸(分四次) 在冷凝管上安装气体吸收装置，同时小火加热 1h	瓶中出现白色雾状的 HBr 沸腾，白色酸雾增加，由气体吸收装置吸收。瓶中的液体由一层变为三层，上层开始极薄，中层为橙黄色，最后中层消失。上层变厚，上层颜色由淡色→橙黄	
3∶20	稍冷，改成蒸馏装置，加沸石，蒸出 C_4H_9Br	馏出液浑浊，分层。瓶中上层越来越少，最后消失，消失后过片刻蒸馏。蒸馏瓶冷却析出无色透明结晶($NaHSO_4$)	接收器用冰水浴冷却
3∶40	粗产物用 10mL 水洗	产物在下层	
4∶10	在分液漏斗中用 10mL H_2SO_4 洗、10mL H_2O 洗、10mL 饱和 $NaHCO_3$ 洗、10mL 水洗	产物在下层 两层交界处有些絮状物 粗产物浑浊稍摇后透明	
4∶50	粗产物置于锥形瓶中加 $CaCl_2$ 干燥；产物滤入 30mL 蒸馏瓶中加沸石蒸馏，收集 99～103℃馏分	99℃前馏出液很少，长时间稳定于 101～102℃，后升至 103℃，温度下降，瓶中液体很少，停止蒸馏	产物：3.5mL 清澈透明

八、产物产率

产物外观：无色透明液体

理论量的计算：0.068mol　7.58mL　9.316g

实际产量：　0.027mol　3.5mL　4.547g

产率计算：　48.80%

九、实验讨论

醇与硫酸生成盐，而卤代烷不溶于硫酸，故随着正丁醇转化为正溴丁烷，烧瓶中分成三层。上层为正溴丁烷，中层可能为硫酸氢正丁酯，中层消失则表示大部分正丁醇已转化为正溴丁烷。上、中两层液体呈橙黄色是由副反应产生的溴所致。从实验可知溴在正溴丁烷中的溶解度比在硫酸中的溶解度大。蒸馏除去正溴丁烷后，烧瓶冷却析出结晶是硫酸氢钠。干燥时，氯化钙不要加入过多，转移到支管烧瓶中不要带入干燥剂。

1.5 有机化学实验的常用仪器和装置

了解有机化学实验中所用仪器的性能、选用适合的仪器并正确地使用所用仪器是对每一个实验者最基本的要求。

1.5.1 有机化学实验常用的玻璃仪器

玻璃仪器一般是由软质或硬质玻璃制作而成的。软质玻璃耐温性、耐腐蚀性较差，但是价格便宜。因此，一般用软质玻璃制作的仪器均不耐温，如普通漏斗、量筒、吸滤瓶、干燥器等。硬质玻璃具有较好的耐温和耐腐蚀性，制成的仪器可在温度变化较大的情况下使用，如烧瓶、烧杯、冷凝管等。

玻璃仪器一般分为普通和标准磨口两种。在实验室常用的普通玻璃仪器有非磨口锥形瓶、烧杯、布氏漏斗、吸滤瓶、普通漏斗等，见图 1-1。常用标准磨口仪器有磨口锥形瓶、圆底烧瓶、三颈瓶（又称三口烧瓶）、蒸馏头、冷凝管、接收管等，见图 1-2。

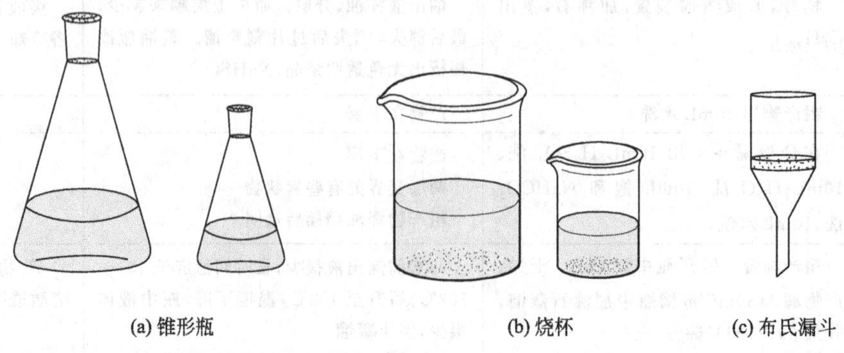

(a) 锥形瓶　(b) 烧杯　(c) 布氏漏斗

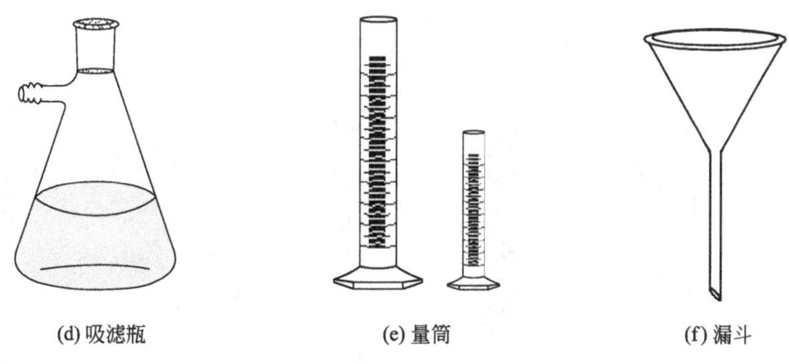

图 1-1　常用普通玻璃仪器

标准磨口玻璃仪器是具有标准磨口或磨塞的玻璃仪器。由于口塞尺寸的标准化、系统化，磨砂密合，凡属于同类规格的接口，均可任意互换，各部件能组装成各种配套仪器。当不同类型规格的部件无法直接组装时，可使用变接头使之连接起来。使用标准磨口玻璃仪器既可免去配塞子的麻烦手续，又能避免反应物或产物被塞子沾污的危险；口塞磨砂性能良好，使密合性可达较高真空度，对蒸馏尤其减压蒸馏有利，对于毒物或挥发性液体的实验较为安全。

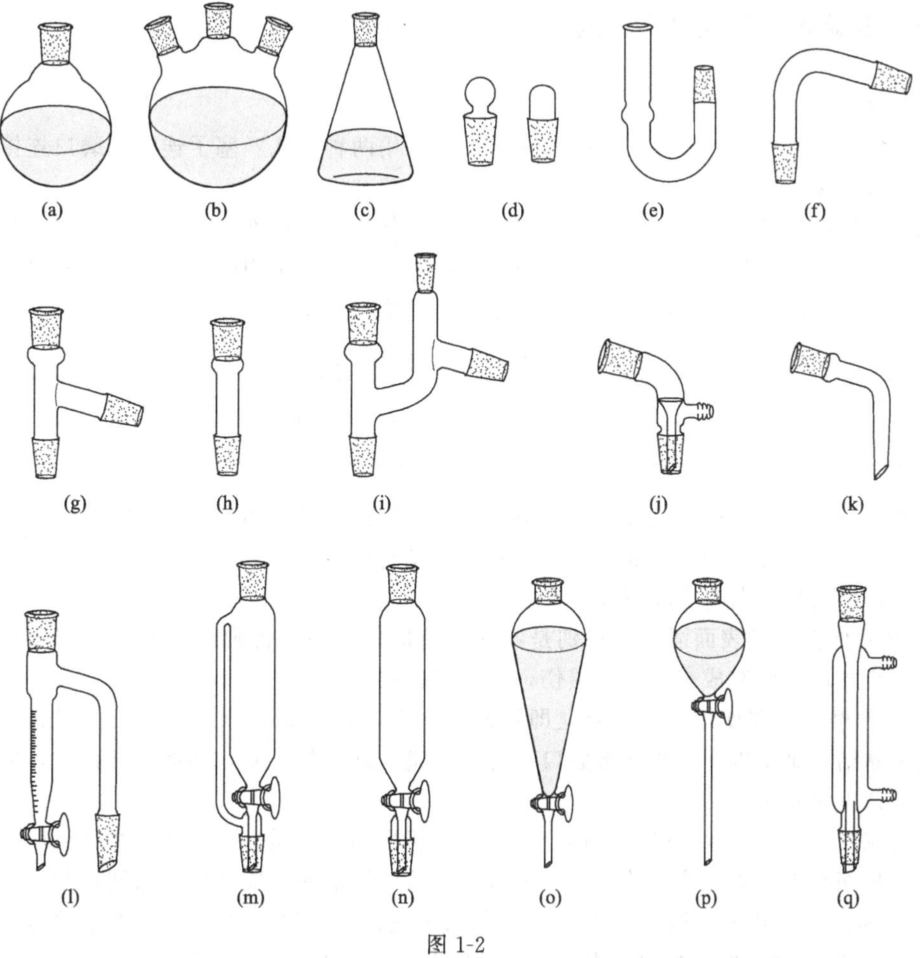

图 1-2

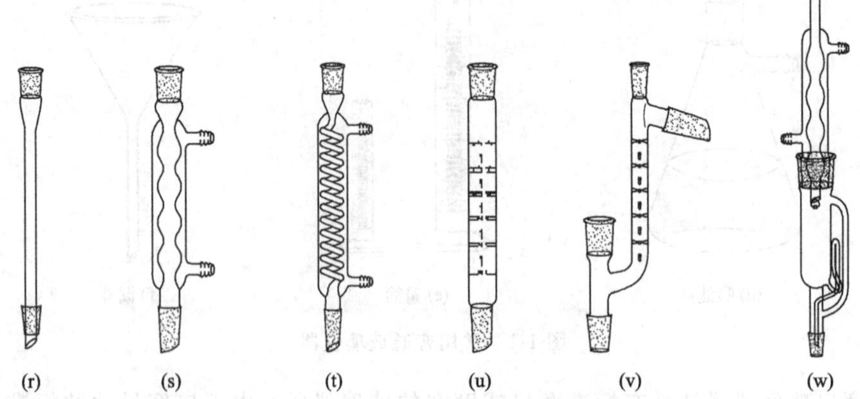

(a) 圆底烧瓶；(b) 三颈瓶；(c) 磨口锥形瓶；(d) 磨口玻璃塞；(e) U形干燥管；(f) 弯头；(g) 蒸馏头；(h) 标准接头；(i) 克氏蒸馏头；(j) 真空接收管；(k) 弯形接收管；(l) 分水器；(m) 恒压漏斗；(n) 滴液漏斗；(o) 梨形分液漏斗；(p) 球形分液漏斗；(q) 直形冷凝管；(r) 空气冷凝管；(s) 球形冷凝管；(t) 蛇形冷凝管；(u) 分馏柱；(v) 刺形分馏头；(w) Soxhlet 提取器

图 1-2 常用标准磨口玻璃仪器

1.5.2 玻璃仪器的连接与装配

(1) 仪器的连接

有机化学实验中所用玻璃仪器间的连接一般采用两种形式：塞子连接和磨口连接。现大多使用磨口连接。

除了少数玻璃仪器（如分液漏斗的上、下磨口部位是非标准磨口）外，绝大多数仪器上的磨口是标准磨口。我国标准磨口采用国际通用技术标准，常用的是锥形标准磨口。玻璃仪器的容量大小及用途不同，可采用不同尺寸的标准磨口。常用的标准磨口系列见表 1-1。

表 1-1 常用的标准磨口

编号	10	12	14	19	24	29	34
大端直径/mm	10.0	12.5	14.5	18.8	24.0	29.2	34

每件仪器上带内磨口还是外磨口取决于仪器的用途。带有相同编号的一组仪器可以互相连接，带有不同编号的磨口需要用接头过渡才能紧密连接。

使用标准磨口仪器时应注意以下事项：

① 必须保持磨口表面清洁，特别是不能沾有固体杂质，否则磨口不能紧密连接。硬质沙粒还会给磨口表面造成永久性的损伤，破坏磨口的严密性。

② 标准磨口仪器使用完毕必须立即拆卸，洗净，各个部件分开存放，否则磨口的连接处会发生黏结，难于拆开。非标准磨口部件（如滴液漏斗的旋塞）不能分开存放，应在磨口间夹上纸条以免日久黏结。

盐类或碱类溶液会渗入磨口连接处，蒸发后析出固体物质，易使磨口黏结，所以不宜用磨口仪器长期存放此类溶液。使用磨口装置处理这些溶液时，应在磨口涂润滑剂。

③ 在常压下使用时，磨口一般不需润滑以免沾污反应物或产物。为防止黏结，也可在磨口靠大端的部位涂敷很少量的润滑脂（凡士林、真空活塞脂或硅脂）。如果要处理盐类溶

液或强碱性物质，则应将磨口的全部表面涂上一薄层润滑脂。

减压蒸馏使用的磨口仪器必须涂润滑脂（真空活塞脂或硅脂）。在涂润滑脂之前，应将仪器洗刷干净，磨口表面一定要干燥。

从内磨口涂有润滑脂的仪器中倾出物料前，应先将磨口表面的润滑脂用有机溶剂擦拭干净（用脱脂棉或滤纸蘸石油醚、乙醚、丙酮等易挥发的有机溶剂），以免物料受到污染。

④ 只要遵循使用规则，磨口很少会打不开。一旦发生黏结，可采取以下措施：

a. 将磨口竖立，往上面缝隙间滴甘油。如果甘油能慢慢地渗入磨口，最终能使连接处松开。

b. 使用热吹风、热毛巾或在教师指导下小心用灯火焰加热磨口外部，仅使外部受热膨胀，内部还未热起来，再尝试能否将磨口打开。

c. 将黏结的磨口仪器放在水中逐渐煮沸，常常也能使磨口打开。

d. 用木板沿磨口轴线方向轻轻地敲外磨口的边缘，振动磨口，也会松开。

e. 如果磨口表面已被碱性物质腐蚀，黏结的磨口就很难打开了。

（2）仪器的装配

使用同一号的标准磨口仪器，仪器利用率高，互换性强，可在实验室中组合成多种多样的实验装置（参见各制备实验中仪器装置）。

实验装置（特别是机械搅拌这样的动态操作装置）必须用铁夹固定在铁架台上，才能正常使用。因此要注意铁夹等的正确使用方法（见图 2-5 简单蒸馏装置）。

仪器装置的安装顺序一般为：以热源为准，从下到上，从左到右。

1.5.3 有机化学实验常用装置

有机化学实验中常见的实验装置如图 1-3～图 1-15 所示。

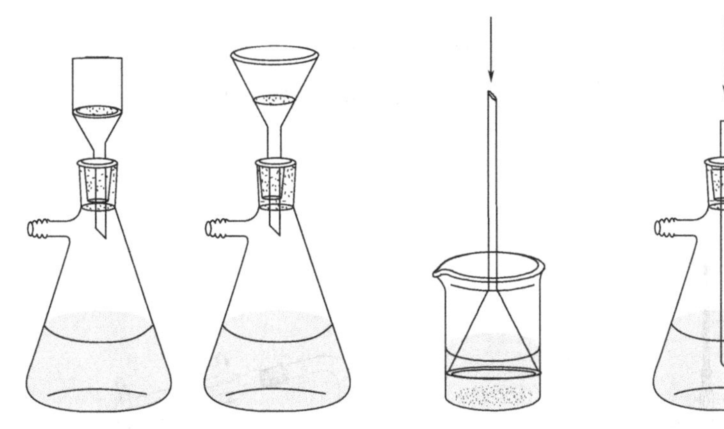

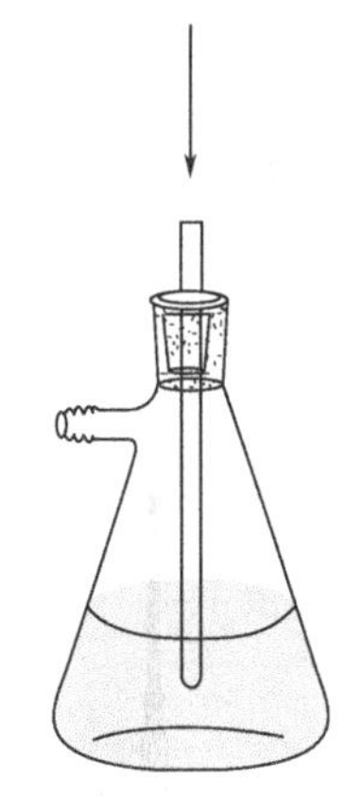

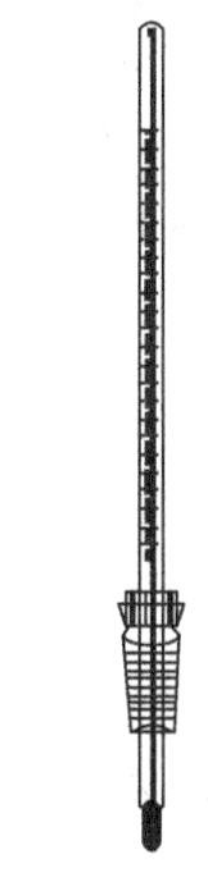

图 1-3　减压过滤装置　　图 1-4　气体吸收装置　　图 1-5　温度计及套管

（1）回流冷凝装置

在室温下，有些反应的反应速率很小或难于进行。为了使反应尽快地进行，常常需要使反应物较长时间保持沸腾。在这种情况下，就需要使用回流冷凝装置，使蒸气不断地在冷凝管内冷凝而返回反应器中，以防止反应瓶中的物质逃逸损失。图 1-6～图 1-8 是最简单的回流冷凝装置。将反应物放在圆底烧瓶中，在适当的热源上或热浴中加热。直立的冷凝管夹套中自下而上通入冷水，使夹套充满水，水流速度不必很快，能保持蒸气充分冷凝即可。加热的程度也需控制，使蒸气上升的高度不超过冷凝管的1/3。

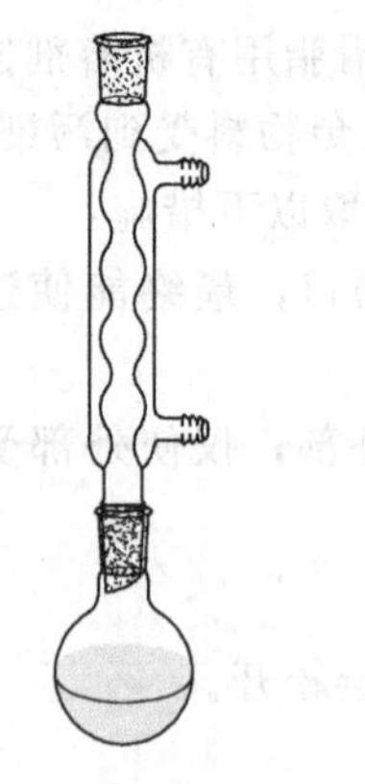

图 1-6　简单回流装置

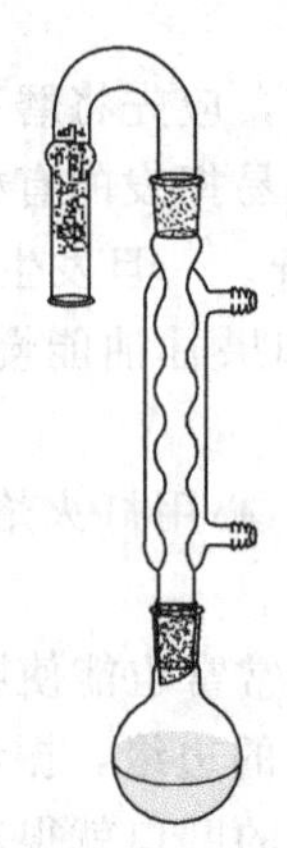

图 1-7　带干燥管的回流装置

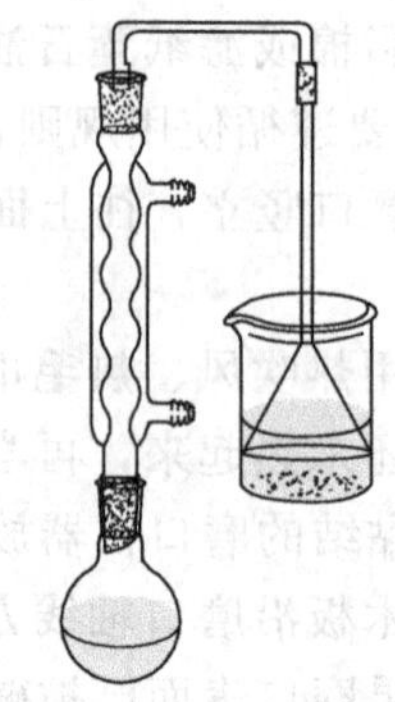

图 1-8　带气体吸收装置的回流装置

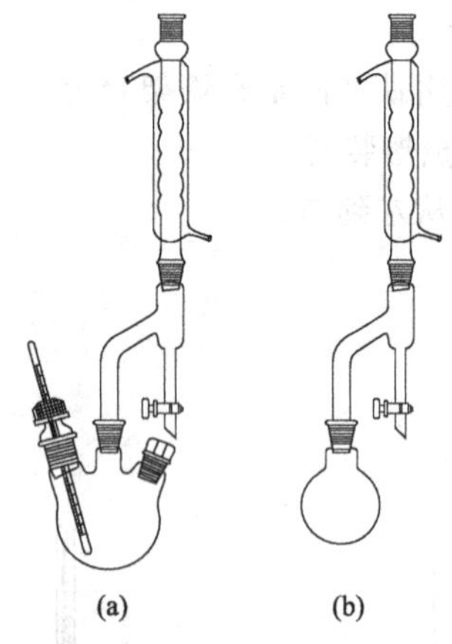

图 1-9　带分水器的回流装置

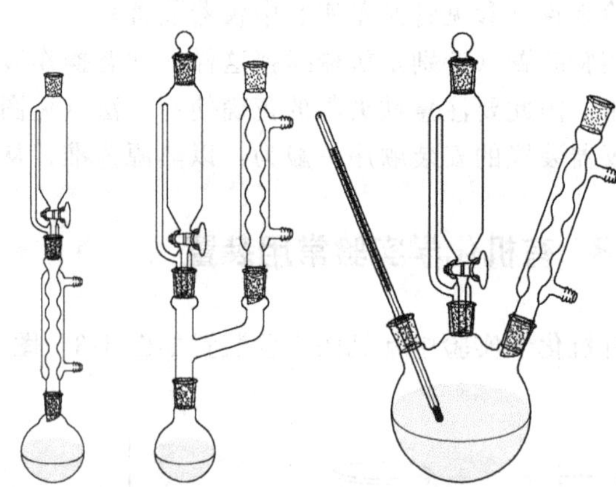

图 1-10　带有滴加装置的回流装置

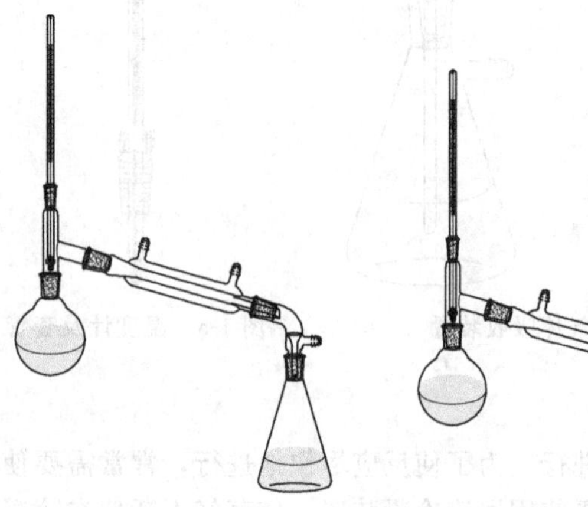

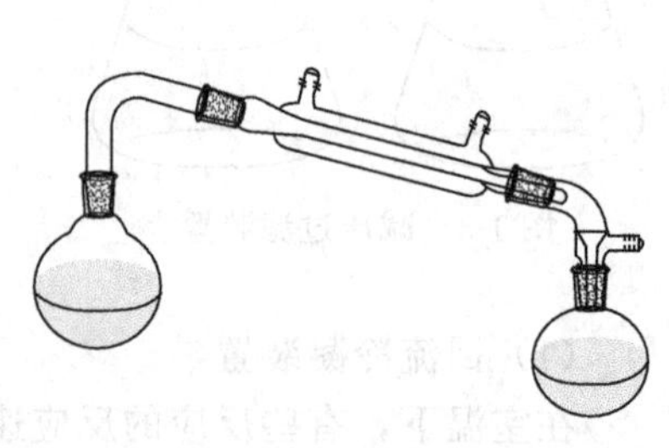

图 1-11　普通蒸馏装置

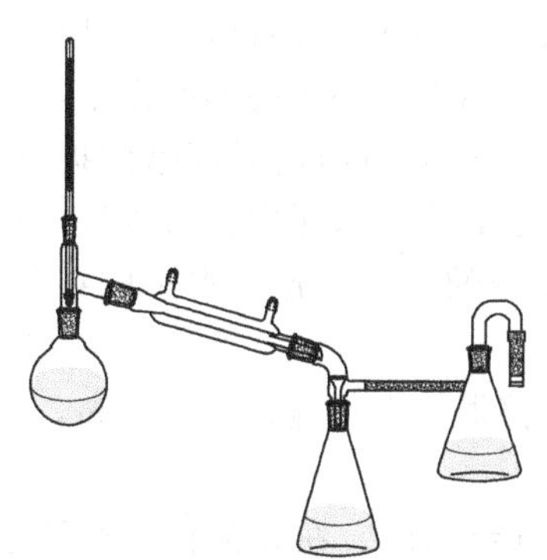

图 1-12　带干燥装置的蒸馏装置

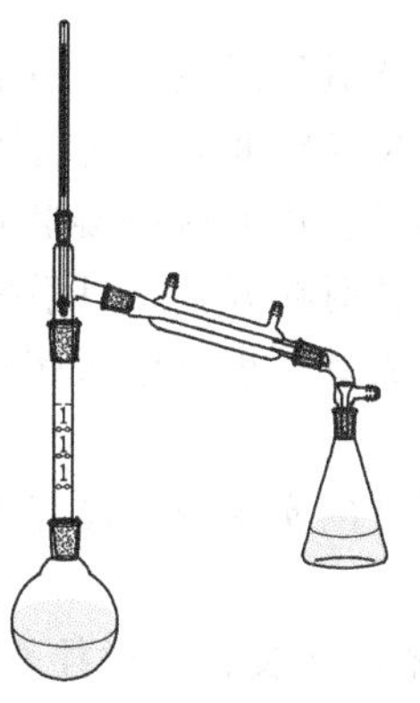

图 1-13　简单分馏装置

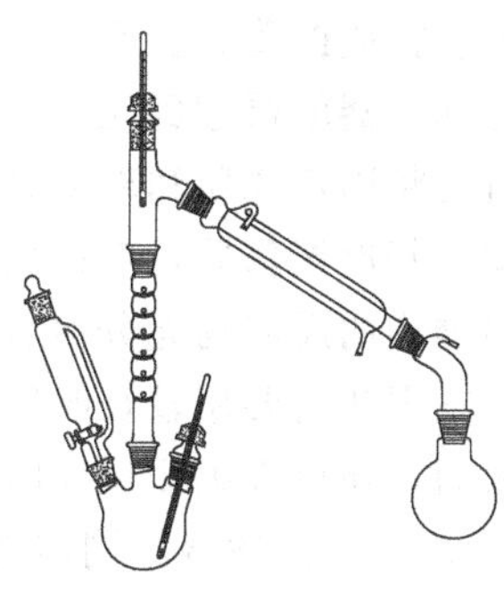

图 1-14　滴加蒸出反应装置

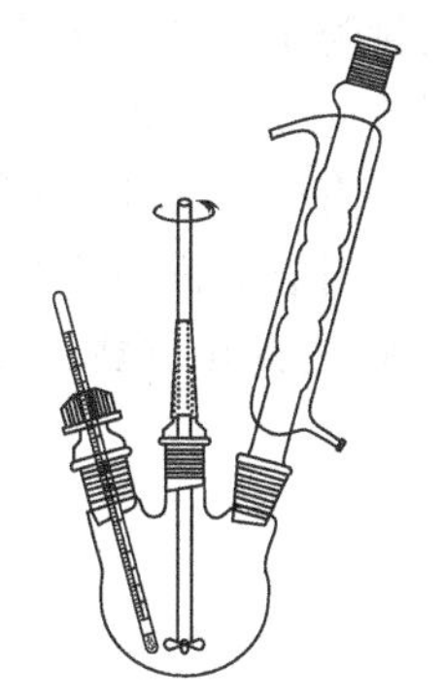

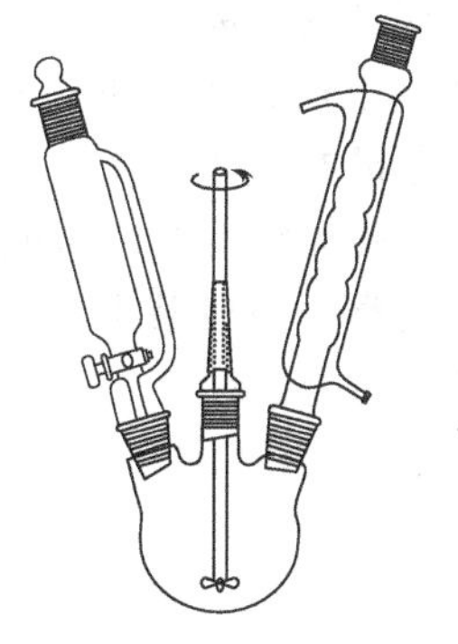

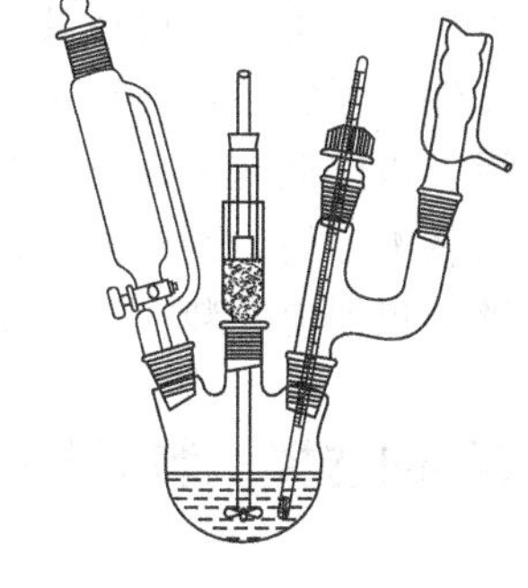

图 1-15　搅拌反应装置

如果反应物怕受潮，可在冷凝管上端口装氯化钙干燥管来防止空气中湿气侵入（如图 1-7）。如果反应中会放出有害气体（如溴化氢），可连接气体吸收装置（如图 1-8）。

（2）回流分水反应装置

在进行某些可逆平衡反应时，为了使正向反应进行到底，可将反应产物之一不断从反应混合物体系中除去，常采用回流分水装置除去生成的水。在图 1-9 的装置中，有一个分水器，回流下来的蒸气冷凝液进入分水器，分层后，有机层自动被送回圆底烧瓶，而生成的水可从分水器中放出去。

分水器的使用

（3）滴加回流冷凝装置

有些反应进行剧烈，放热量大，如将反应物一次加入，会使反应失去控制；有些反应为了控制反应物的选择性，也不能将反应物一次加入。在这些情况下，可采用滴加回流冷凝装置（图 1-10），将一种试剂逐渐滴加进去。常用恒压滴液漏斗进行滴加。

（4）滴加蒸出反应装置

有些有机反应需要一边滴加反应物一边将产物或产物之一蒸出反应体系，防止产物发生二次反应。可逆平衡反应中，蒸出产物能使反应进行到底。这时常用与图 1-14 类似的反应装置来进行这种操作。在图 1-14 的装置中，反应产物可单独或形成共沸混合物在反应过程中被不断蒸馏出去，并可通过滴液漏斗将一种试剂逐渐滴加进去以控制反应速率或使某种试剂消耗完全。

必要时可在上述各种反应装置的反应烧瓶外面用冷水浴或冰水浴进行冷却，在某些情况下，也可用热浴加热。

(5) 搅拌反应装置

用固体和液体或互不相溶的液体进行反应时，为了使反应混合物能充分接触，需进行不断的搅拌或振荡。在反应物量小，反应时间短，而且不需要加热或温度不太高的操作中，用手摇动容器就可达到充分混合的目的。用回流冷凝装置进行反应时，有时需做间歇的振荡。这时可将固定烧瓶和冷凝管的夹子暂时松开，一只手扶住冷凝管，另一只手拿住瓶颈做圆周运动；每次振荡后，应把仪器重新夹好。也可用振荡整个铁架台的方法（这时夹子应夹牢）使容器内的反应物充分混合。

在那些需要用较长时间进行搅拌的实验中，最好用电动搅拌器。电动搅拌的效率高，节省人力，还可以缩短反应时间。

图 1-15 是适合不同需要的机械搅拌装置。搅拌棒是用电机带动的。在装配机械搅拌装置时，可采用简单的橡皮管密封或用液封管密封。搅拌棒与玻璃管或液封管应配适，不太松也不太紧，搅拌棒能在中间自由地转动。根据搅拌棒的长度（不宜太长）选定三口烧瓶和电机的位置。先将电机固定好，用短橡皮管（或连接器）把已插入封管中的搅拌棒连接到电机的轴上，然后小心地将三口烧瓶套上去，至搅拌棒的下端距瓶底约 5mm，再将三口烧瓶夹紧。检查这几件仪器安装得是否正直，电机的轴和搅拌棒应在同一直线上。用手试验搅拌棒转动是否灵活，再以低转速开动电机，试验运转情况。当搅拌棒与封管之间不发出摩擦声时才能认为仪器装配合格，否则需要进行调整。最后装上冷凝管、滴液漏斗（或温度计），用夹子夹紧。整套仪器应安装在同一个铁架台上。

1.5.4 仪器的选择、装配与拆卸

有机化学实验的各种反应装置都是由一件件玻璃仪器组装而成的，实验中应根据实验要求选择合适的仪器。一般选择仪器的原则如下所述。

(1) 烧瓶的选择

根据液体的体积而定，一般液体的体积应占容器体积的 1/3～1/2，也就是说烧瓶容积的大小应是液体体积的 1.5 倍。进行水蒸气蒸馏和减压蒸馏时，液体体积不应超过烧瓶容积的 1/3。

(2) 冷凝管的选择

一般情况下回流用球形冷凝管，蒸馏用直形冷凝管。但是当蒸馏温度超过 140℃时应改用空气冷凝管，以防温差较大时因仪器受热不均匀而造成冷凝管断裂。

(3) 温度计的选择

实验室一般备有 150℃和 300℃两种温度计，根据所测温度可选用不同的温度计。一般选用的温度计要高于被测温度 10～20℃。

有机化学实验中仪器装配得正确与否，对于实验的成败有很大关系。

① 在装配一套装置时，所选用的玻璃仪器和配件都要干净的。否则，会影响产物的产量和质量。

② 所选用的器材要恰当。例如，在需要加热的实验中，如需选用圆底烧瓶时，应选用质量好的，其容积大小应使所盛反应物占其容积的 1/2 左右为宜，最多也应不超过 2/3。

③ 安装仪器时，应选好主要仪器的位置，按先下后上，先左后右，逐个将仪器边固定边组装。拆卸的顺序则与组装相反。拆卸前，应先停止加热，移走加热源，待稍微冷却后，先取下产物，然后再逐个拆掉。拆冷凝管时注意不要将水洒到电热套上。

总之，仪器装配要求做到严密、正确、整齐和稳妥。在常压下进行反应的装置，应与大气相通。铁夹的双钳内侧贴有橡皮或绒布，或缠上石棉绳、布条等。否则，容易将仪器损坏。

使用玻璃仪器时，最基本的原则是禁止对玻璃仪器的任何部分施加过度的压力或扭歪，实验装置的马虎不仅看上去使人感觉不舒服，而且也是潜在的危险。因为扭歪的玻璃仪器在加热时会破裂，甚至在放置时也会破裂。

1.5.5 常用玻璃器皿的洗涤和干燥

(1) 玻璃器皿的洗涤

玻璃仪器的洗涤

进行化学实验必须使用清洁的玻璃仪器。

实验用过的玻璃器皿必须立即洗涤，学生应该养成这样的习惯。因为污垢的性质在当时是清楚的，用适当的方法可洗涤干净。若时间较长，会增加洗涤的困难。

洗涤的一般方法是用水、洗衣粉、去污粉刷洗。刷子是特制的，如瓶刷、烧杯刷、冷凝管刷等，但用腐蚀性洗液洗涤时则不用刷子。洗涤玻璃器皿时不应该用沙子，它会擦伤玻璃乃至造成龟裂。若难于洗净时，则可根据污垢的性质选用适当的洗液进行洗涤。如果是酸性（或碱性）的污垢用碱性（或酸性）洗液洗涤；有机污垢用碱性洗液（碱液）或有机溶剂洗涤。下面介绍几种常用洗液：

① 铬酸洗液　这种洗液氧化性很强，对有机污垢破坏力很强。使用时，倾去器皿内的水，慢慢倒入洗液，转动器皿，使洗液充分浸润不干净的器壁，数分钟后把洗液倒回洗液瓶中，用自来水冲洗。若壁上粘有少量炭化残渣，可加入少量洗液，浸泡一段时间后在小火上加热，直至冒出气泡，炭化残渣可被除去。当洗液颜色变绿时，表示洗液失效，应该弃去，不能倒回洗液瓶中。

② 盐酸　用浓盐酸可以洗去附着在器壁上的二氧化锰或碳酸钙等残渣。

③ 碱液和合成洗涤剂　配成浓溶液即可，用以洗涤油脂和一些有机物（如有机酸）。

④ 有机溶剂洗涤液　当胶状或焦油状的有机污垢用上述方法不能洗去时，可选用丙酮、乙醚、苯浸泡（要加盖避免溶剂挥发），或用 NaOH 的乙醇溶液洗涤。用有机溶剂作洗涤剂，使用后可回收重复使用。

若用于精制或有机分析用的器皿，除用上述方法处理外，还须用蒸馏水冲洗。

器皿是否清洁的标志是：加水倒置，水顺着器壁流下，内壁被水均匀润湿有一层既薄又均匀的水膜，不挂水珠。

(2) 玻璃仪器的干燥

玻璃仪器的干燥

有机化学实验经常都要使用干燥的玻璃仪器，故要养成在每次实验后马上把玻璃仪器洗净和倒置使之干燥的习惯，以便下次实验时使用。干燥玻璃仪器的方法有下列几种。

① 自然风干　自然风干是指把已洗净的仪器放在干燥架上放至干燥，这是常用和简单的方法。但必须注意，若玻璃仪器洗得不够干净时，水珠便不易流下，干燥就会较为缓慢。

② 烘干　它是把玻璃器皿按顺序从上层至下层放入烘箱烘干。放入烘箱中干燥的玻璃仪器，一般要求不带水珠。器皿口向上，带有磨砂口玻璃塞的仪器，必须取出活塞后，才能

烘干。烘箱内的温度保持在100～105℃约0.5h，待烘箱内的温度降至室温时才能取出。切不可把很热的玻璃仪器取出，以免破裂。当烘箱已工作时则不能往上层放入湿的器皿，以免水滴下落，使热的器皿骤冷而破裂。

③ 吹干　有时仪器洗涤后需立即使用，可进行吹干，即用气流干燥器或电吹风把仪器吹干。首先将水尽量沥干后，加入少量丙酮或乙醇摇洗并倾出，先通入冷风吹1～2min，待大部分溶剂挥发后，吹入热风至完全干燥为止，最后吹入冷风使仪器逐渐冷却。

1.5.6　常用仪器的保养

有机化学实验常用各种玻璃仪器的性能是不同的，必须掌握它们的性能、保养和洗涤方法，才能正确使用，提高实验效果，避免不必要的损失。下面介绍几种常用的玻璃仪器的保养和清洗方法。

(1) 温度计

温度计水银球部位的玻璃很薄，容易破损，使用时要特别小心：一是不能用温度计当搅拌棒使用；二是不能测定超过温度计的最高刻度的温度；三是不能把温度计长时间放在高温的溶剂中，否则，会使水银球变形，读数不准。

温度计的使用

温度计用后要让它慢慢冷却，特别在测量高温之后，切不可立即用水冲洗。否则，会使水银球破裂，或水银柱断裂。应将温度计悬挂在铁架台上，待冷却后把它洗净抹干，放回温度计盒内，盒底要垫上一小块棉花。如果是纸盒，放回温度计时要检查盒底是否完好。

(2) 冷凝管

冷凝管通水后很重，所以安装冷凝管时应将夹子夹在冷凝管的重心的地方，以免翻倒。洗刷冷凝管时要用特制的长毛刷，如用洗涤液或有机溶液洗涤时，则用软木塞塞住一端，不用时，应直立放置，使之易干。

(3) 分液漏斗

分液漏斗的活塞和盖子都是磨砂口的，若非原配的，就可能不严密，所以，使用时要注意保护它。各个分液漏斗之间也不要相互调换，用后一定要在活塞和盖子的磨砂口间垫上纸片，以免日后难以打开。

(4) 砂芯漏斗

砂芯漏斗在使用后应立即用水冲洗，不然，放置时间较长则难于洗净。滤板不太稠密的漏斗可用强烈的水流冲洗；如果是较稠密的，则用抽滤的方法冲洗。必要时用有机溶剂洗涤。

1.5.7　小型电器设备

(1) 电吹风

电吹风用于吹干一两件急用的玻璃仪器，先以热风吹干后再调至冷风挡吹冷。不用时注意防潮、防腐蚀。

(2) 烘箱

烘箱可用于烘干成批量的玻璃仪器和无腐蚀性且热稳定性好的药品，如变色硅胶等。当烘箱用于烘干玻璃仪器时，先将仪器用清水洗净沥干，开口向上放入烘箱，接通电源，将自动控温旋钮调至约 110℃。为了加快烘干，可启动烘箱内鼓风机。仪器烘干后可切断加热电源，使仪器在烘箱内鼓风下冷却至室温，以免在冷却过程中吸潮。若仪器干燥程度要求较高，可在冷却至 100℃左右时用干布衬手取出，置于干燥器中冷却。用有机溶剂洗净的仪器不可在烘箱中烘干，以免发生危险。当一批仪器快要烘干时，不要再放入湿的仪器，否则会使已烘干的仪器重新吸收水汽，或在热烫的仪器上滴上冷水珠而造成仪器炸裂。

(3) 气流烘干器

用于烘干玻璃仪器，亦有冷风挡和热风挡。使用时将洗净甩干的仪器挂在它的风柱上，开启热风挡，可在数分钟内烘干，再以冷风吹冷。气流烘干器的电热丝较细，当仪器烘干取下时应随手关掉，不可使其持续数小时吹热风，否则会烧断电热丝。若仪器壁上的水没有甩干，会顺风孔滴落在电热丝上造成短路而损坏烘干器。

(4) 电动搅拌器

亦称机械搅拌器，用于非均相反应。使用时应注意保持转动轴承的润滑，经常加油，且由于功率较小，不可用于搅拌过于黏稠的物料，以免超负荷。不使用时应注意防潮、防腐蚀。

(5) 磁力搅拌器

参见 2.5.3 的相关内容。

(6) 电热套

以玻璃丝包裹电热丝盘成碗状，用以加热圆底烧瓶。电热套与变压器配套联用，具有调温范围宽广、不见明火、使用安全的优点。使用时应注意变压器的输出功率不可小于电热套的功率，电热套的使用温度一般不超过 400℃。

(7) 红外灯

通常与变压器联用，安装在防尘罩里，用于烘干固体样品，使用时注意调至适宜的温度。若温度过高，会将样品烘熔或烤焦。水珠溅落在热的红外灯上会引起红外灯爆炸，故不宜在其附近用水。

(8) 调压变压器

与其他电器联用以调节温度或转速。使用时注意接好地线，不许超负荷使用，输入端与输出端不许错接，调节时应缓慢均匀，其碳刷磨短而接触不良时应更换碳刷。不使用时应保持干燥清洁，防止腐蚀。

(9) 真空油泵

用以提供中度真空，在高真空实验中也作为扩散泵的前级泵使用。单相油泵只能用单相电源，三相油泵只能用三相电源。使用油泵时必须接好泵前的保护系统，以防止泵油受到污染而降低功效，泵油用脏了要及时更换。油泵不宜经常拆卸。

(10) 机械水泵

一般外形为箱状，箱的下半部储水，上半部装有压缩机和水泵，将水压入水泵以获得真空，可用于抽真空，也可提供循环冷却水。在不使用时要将箱内储水全部放干，以防机件锈蚀。

(11) 冰箱

用以储存对热敏感的药品，也用于小量制冰。有的药品会散发出腐蚀性气体损蚀冰箱机件，有的会散发出易燃气体，被电火花点燃而造成事故，所以装盛容器必须严格密封后才可放入冰箱。用锥形瓶或平底烧瓶装盛的药品不可放入冰箱，以免在负压下瓶底破裂。瓶上的标签易受冰箱中水汽侵蚀而模糊或脱落，故在放入冰箱前应以石蜡涂盖。

1.5.8 其他仪器和器具

(1) 金属器具

实验室中所用的金属器具有铁支架（铁架台）、十字夹（十字头）、爪形夹（冷凝管夹）、烧瓶夹（霍夫曼夹）、铁圈、水浴锅、保温漏斗（热水漏斗）、水蒸气发生器、三脚架、煤气灯、鱼尾灯头、止水夹、螺丝夹、不锈钢刮铲、剪刀、镊子、三角锉、圆锉、老虎钳、螺丝刀、扳手、打孔器、天平和气体钢瓶等。所有这些器具在不用时均应保持干燥，防止药品侵蚀。凡有螺钉或转动轴的地方均应滴加润滑油以防锈蚀。

(2) 陶瓷、橡胶和塑料制品

实验室中的瓷质仪器主要是瓷蒸发皿和瓷漏斗（布氏漏斗），其特性及使用常识同玻璃仪器。常用的橡胶制品是橡皮塞、橡皮管、氧气袋等，应避免与有机溶剂或腐蚀性气体长期接触，以免被溶解或加速老化。常用的塑料制品为聚乙烯塑料管和聚四氟乙烯搅拌头、搅拌棒叶片等，应保持洁净，防火防烫。

第2章　有机化学实验基本操作和技术

2.1　化学试剂的取用

2.1.1　试剂规格

化学试剂的存放

化学试剂按其纯度分成不同的规格，试剂规格越高，纯度也越高，价格就越贵。凡低规格试剂可以满足要求者，就不要用高规格试剂。化学试剂按其纯度分成不同的规格，国内生产的试剂分为四级（表 2-1）。在有机化学实验中大量使用的是三级品和四级品，有时还可以用工业品代替。在取用试剂时要核对标签以确认使用规格无误。

表 2-1　国产试剂的规格

试剂级别	中文名称	代号及英文名称	标签颜色	重要用途
一级品	保证试剂或“优级纯”	G. R. (Guarantee Reagent)	绿	用作基准物质，用于分析鉴定及精密科学研究
二级品	分析试剂或“分析纯”	A. R. (Analytical Reagent)	红	用于分析鉴定及一般科学研究
三级品	化学纯粹试剂或“化学纯”	C. P. (Chemically Pure)	蓝	用于要求较低的分析实验和要求较高的合成实验
四级品	实验试剂	L. R. (Laboratory Reagent)	棕、黄或其他	用于一般性合成实验和科学研究

2.1.2　固体试剂的称取

固体试剂的取用

固体试剂用天平称取，可根据所需称量的量及要求的准确程度选用天平。天平感量越小越精密，对操作的要求也越严格。普通有机实验中应用最多的是药物天平。各种天平的使用方法不尽相同，应按照使用说明书调试和使用。

称取固体试剂应该注意：①不可使天平“超载”。如需称量的数量多则应分批称取。

②不可使试剂直接接触天平的任何部位。一般固体试剂可放在表面皿或烧杯中称量；特别稳定且不吸潮的固体也可放在称量纸上称量；吸潮性或挥发性固体需放在干燥的锥形瓶（或圆底瓶）中塞住瓶口称量；金属钾、钠应放在盛有惰性溶剂的容器中称量。最后以差减法求得净重。③固体药品在开瓶后可用角匙移取。取用后将原瓶盖好，不许将试剂瓶敞口放置。

试样的称量方法

2.1.3 液体试剂的量取

液体试剂一般用量筒或量杯量取，用量少时可用移液管量取，用量少且计量要求不严格时也可用滴管吸取。取用时要小心勿使其洒出，观察刻度时应使眼睛与液面的弯月面底部平齐。试剂取用后应随手将原瓶盖好。黏度较大的液体可像称取固体那样称取，以免因量器的黏附而造成过大误差。吸潮性液体要尽快量取，发烟性或可放出毒气的液体应在通风橱内量取，腐蚀性液体应戴上乳胶手套量取。挥发性液体或溶有过量气体的液体（如氨水）在取用时应先将瓶子冷却降压，然后开瓶取用。

液体试剂的取用

2.2 物质的加热

在有机化学反应中对反应物加热，温度每上升 10℃，一般可提高反应速率一倍。在分离纯化实验中为达到保温、溶解、升华、蒸馏、蒸发、浓缩等目的也需要加热。实验室中的热源有酒精灯、煤气灯、电热套、电炉和红外光等，加热的方式根据具体情况确定。

2.2.1 直接加热

在反应体系中无固体、无低沸点溶剂（如乙醚或低沸程石油醚）及反应不需搅拌的情况下，可用酒精灯或煤气灯直接加热，除此之外只有在做玻璃加工时才允许直接用火加热。

如果被加热物质沸点较高且不易燃烧，可在火焰与受热器皿之间垫一层石棉网，以扩大受热面积且使加热较为均匀。如在烧杯、锥形瓶等平底容器中加热水或水溶液，可将容器直接放在石棉网上加热；如在圆底瓶、梨形瓶等容器中加热有机物，则瓶底与石棉网之间应有1～2mm 间隔。

2.2.2 水浴加热

若需要加热的温度在 80℃以下，可用水浴加热。水浴锅可为铜质或铝质。当加热少量低沸点液体时，也可用烧杯代替水浴锅，但烧杯下面一定要垫石棉网。水浴加热时，将装有待加热物料的烧瓶浸于水中，使水面高于瓶内液面，瓶底也不触及锅底。可在水中加入少量石蜡，防止水的蒸发。若长时间加热，水较多蒸发使水面下降，可另烧一些同温度的水作补充。要常擦拭瓶口以防止蒸汽凝成的水珠流入瓶内。凡涉及金属钠、钾的反应都不宜用水浴加热。

2.2.3 油浴加热

加热温度在100～250℃之间可用油浴加热，也常用电热套加热。

油浴所能达到的最高温度取决于所用油的种类。

① 甘油 可以加热到140～150℃，温度过高时则会分解。甘油吸水性强，放置过久的甘油，使用前应首先加热蒸去所吸的水分，之后再用于油浴加热。

② 甘油和邻苯二甲酸二丁酯的混合液 适用于加热到140～180℃。

③ 植物油 如菜油、蓖麻油和花生油等，可以加热到220℃。若在植物油中加入1%的对苯二酚，可增加油在受热时的稳定性。

④ 液体石蜡 可加热到220℃，温度稍高虽不易分解，但易燃烧。

⑤ 固体石蜡 也可加热到220℃以上，其优点是室温下为固体，便于保存。

⑥ 硅油 在250℃时仍较稳定，透明度好，安全，是目前实验室中较为常用的油浴之一。

用油浴加热时，要在油浴中装置温度计（温度计感温头如水银球等，不应放到油浴锅底），以便随时观察和调节温度。加热完毕取出反应容器时，仍用铁夹夹住反应容器离开液面悬置片刻，待容器壁上附着的油滴完后，用纸或干布拭干。

油浴所用的油中不能溅入水，否则加热时会产生泡珠或发生爆溅。使用油浴时，为防止油蒸气污染环境和引起火灾，可用一块中间有圆孔的石棉板覆盖油锅。

2.2.4 空气浴加热

空气浴就是让热源把局部空气加热，空气再将热能传给反应容器。电热套加热就是简单的空气浴加热。这是实验室常用的加热装置，加热时温度均匀程度尚不及油浴，但比直火加热要均匀得多，且比用明火安全。其加热温度可达250℃。安装电热套时，应使反应容器外壁与电热套内壁保持2cm左右的距离，以利用热空气传热和防止局部过热。

2.2.5 沙浴加热

当需加热至300℃以上时，可用沙浴。沙浴一般由金属容器盛以细沙构成。在铁盘内放入细沙，将被加热的烧瓶半埋入沙中即构成沙浴。沙浴可加热至350℃，且不会有污染，但沙子导热慢、散热快，升温也不均匀。所以在使用沙浴时，瓶底下的沙层宜薄，以利于导热，瓶四周的沙层宜厚，以利于保温，桌面最好垫上石棉板，以免烤坏桌面。

2.2.6 微波加热

传统的加热方法是由外来热能通过辐射、传导和对流来进行的，而微波对物质的加热是通过偶极分子旋转和离子传导两种机理来实现的，通过离子迁移和极性分子的旋转使分子运动，通过分子偶极以每秒24.5亿次的高速旋转产生热效应。由于此瞬间的状态改变是从作用物质内部进行的，故常称为内加热。内加热加热速度快，反应灵敏，受热体系均匀。国际上规定用作微波炉频率的是915MHz和2450MHz两个频率。家用微波炉以采用2450MHz频率为主。

在微波炉中进行的有机化学反应，一般有干、湿两种。有机干反应，是用低微波吸收或不吸收的无机载体如 Al_2O_3 或 SiO_2 等为反应介质的无溶剂反应体系的微波有机合成。由于无机载体不阻碍微波能量的传导，能使吸附在无机载体表面的有机反应物充分吸收微波能后被活化，从而大大提高反应效率。此外，这种干环境微波活化的有机反应，可在敞口容器中进行，从而使反应装置简单，操作方便，同时还具有反应速率快，产率高，产物易纯化等优点。有机湿反应一般是置反应物和溶剂于密闭的聚四氟乙烯瓶中，溶剂和反应物吸收微波能量后便升温。温度升高，则密闭体系中的压力也相应增加，压力的增加使反应混合物的沸点提高，即提高了化学反应的温度，从而加快了化学反应的速率。

2.2.7 其他加热方法

若需要加热到250℃以上，可考虑使用熔盐浴。如硝酸钠和硝酸钾等量混合，在218℃熔融，可加热至700℃；7%硝酸钠、53%硝酸钾和40%亚硝酸钠相混合，在142℃熔融，可在500℃以下安全使用。熔盐浴使用温度高，需十分注意防止烫伤。如果需加热的温度较低，如在50℃以下，也可用红外灯加热。如果需较长时间加热，用自动控温的恒温水槽较方便。

2.3 物质的冷却

以下情况都需要进行冷却：当反应大量放热，需要降温来控制速度时；当反应中间体不稳定，需在低温下反应时；当需要降低固体物质在溶剂中的溶解度以使其结晶析出时；当需要把化合物的蒸气冷凝收集时；当需要将空气中的水汽凝聚下来以免其进入油泵或反应系统时。当被冷却物为气体时，可使它从制冷剂的管道内部流过；当被冷却物为液体、固体或反应混合物时，可将装有该物质的瓶子浸于制冷剂中，通过管壁、瓶壁的传热作用而实现冷却。只有在特殊情况下才允许将制冷剂直接加于被冷却物中。常用制冷剂列于表2-2中，使用时可根据具体的冷却要求选用。当温度低于−38℃时，需使用装有有机液体的低温温度计来测量温度。

表 2-2 常用制冷剂

制冷剂	可达到的最低温度
自来水	室温
冰水混合物	0～5℃
一份食盐与三份碎冰混合	−21℃
143g 六水合氯化钙晶体与 100g 碎冰混合	−55℃
干冰与乙醇混合	−72℃
干冰与乙醚混合	−77℃
干冰与丙酮混合	−78℃
液态空气	−190～−185℃
液氮	−210℃

有时在反应中产生的大量热，使反应温度迅速升高，如果控制不当，可能引起副反应。反应产生的热还会使反应物蒸发，甚至会发生冲料和爆炸事故。要把温度控制在一定范围内，就要进行适当的冷却。有时为了降低溶质在溶剂中的溶解度或加速结晶析出，也要采用冷却的方法。

2.3.1 冰水冷却

冰水冷却是将冷水在容器外壁流动，或把反应器浸在冷水中，交换走热量。也可用水和碎冰的混合物作冷却剂，其冷却效果比单用冰块好，可冷却至－5～0℃。进行冷却时，也可把碎冰直接投入反应器中，以更有效地保持低温。

2.3.2 冰盐冷却

要在0℃以下进行操作时，常用按不同比例混合的碎冰和无机盐作为冷却剂。可把盐研细，把冰砸碎（或用冰片花）成小块，使盐均匀包在冰块上。冰盐混合物（质量比 3∶1），可冷至－18～－5℃，其他盐类的冰盐混合物冷却温度见表 2-3。

表 2-3　冰盐混合物的配比及冷却温度

盐名称	盐的质量/g	冰的质量/g	温度/℃
六水氯化钙	100	246	－9
	100	123	－21.5
	100	70	－55
	100	81	－40.3
硝酸铵	45	100	－16.8
硝酸钠	50	100	－17.8
溴化钠	66	100	－28

2.3.3 干冰或干冰与有机溶剂混合冷却

干冰（固态二氧化碳）和乙醇、异丙醇、丙酮、乙醚或氯仿混合，可冷却到－78～－50℃，当加入时会猛烈起泡。

这种冷却剂应放在杜瓦瓶（广口保温瓶）中或其他绝热效果好的容器中，以保持其冷却效果。

2.3.4 液氮冷却

液氮可冷至－196℃（77K），用有机溶剂可以调节所需的低温浴浆。一些用作低温恒温浴的化合物列在表 2-4。

表 2-4 可用作低温恒温浴的化合物

化合物	冷浆浴温度/℃
乙酸乙酯	−83.6
丙二酸乙酯	−51.5
异戊烷	−160.0
乙酸甲酯	−98.0
乙酸乙烯酯	−100.2
乙酸正丁酯	−77.0

液氮和干冰是两种方便而又廉价的冷冻剂，这种低温恒温冷浆浴的制法是：在一个清洁的杜瓦瓶中注入纯的液体化合物，其用量不超过容积的 3/4，在良好的通风橱中缓慢地加入新取的液氮，并用一支结实的搅拌棒迅速搅拌，最后制得的冷浆稠度应类似于黏稠的麦芽。

2.3.5 低温浴槽冷却

低温浴槽是一个小冰箱，冰室口向上，蒸发面用筒状不锈钢槽代替，内装酒精，外设压缩机，循环氟利昂制冷。压缩机产生的热量可用水冷或风冷散去，可装外循环泵，使冷酒精与冷凝器连接循环，还可装温度计等指示器。反应瓶浸在酒精液体中，适用于−30～30℃范围的反应使用。

以上制冷方法可供选用。注意温度低于−38℃时，由于水银会凝固，因此不能用水银温度计。对于较低的温度，应采用添加少许颜料的有机溶剂（酒精、甲苯、正戊烷）温度计。

2.4 物质的干燥

干燥是有机化学实验室中最常用到的重要操作之一，其目的在于除去化合物中存在的少量水分或其他溶剂。液体中的水分会与液体形成共沸物，在蒸馏时就有过多的“前馏分”，造成物料的严重损失；固体中的水分会造成熔点降低，而得不到正确的测定结果。试剂中的水分会严重干扰反应；而反应产物如不能充分干燥，则在分析测试中就得不到正确的结果，甚至可能得出完全错误的结论。所有这些情况中都需要进行干燥。干燥的方法因被干燥物料的物理性质、化学性质及要求干燥的程度不同而不同。

2.4.1 液体的干燥

实验室中干燥液体有机化合物的方法可分为物理方法和化学方法两类。

2.4.1.1 物理干燥法

（1）干燥剂干燥法

根据待干燥液的性质，选用一定量合适的干燥剂，加入盛有待干燥液的锥形瓶中，密塞，振荡片刻，静置，若因其吸水变黏，表明干燥剂用量不够，应适量补加干燥剂，直到新加的干燥剂不结快，不粘壁，溶液清澈透明无气泡后，将干燥剂与溶液分离。

(2) 共沸蒸（分）馏法

许多有机液体可与水形成二元最低共沸物，可用共沸蒸馏法除去其中的水分。当共沸物的沸点与其有机组分的沸点相差不大时，可采用分馏法除去含水的共沸物，以获得干燥的有机液体。但若液体的含水量大于共沸物中的含水量，则直接蒸（分）馏只能得到共沸物而不能得到干燥的有机液体。在这种情况下常需加入另一种液体来改变共沸物的组成，以使水较多较快地蒸出，而被干燥液体尽可能少被蒸出。例如工业上制备无水乙醇时，在95%乙醇中加入适量苯进行共沸蒸馏。首先蒸出的是沸点为64.85℃的三元共沸物，苯、水、乙醇的比例为74∶7.5∶18.5。在水完全蒸出后，接着蒸出的是沸点为68.25℃的二元共沸物，其中苯与乙醇之比为67.6∶32.4。当苯也被蒸完后，温度上升到78.85℃，蒸出的是无水乙醇。

2.4.1.2 化学干燥法

化学干燥法是将适当的干燥剂直接加入到待干燥的液体中去，将容器密封，使与液体中的水分发生作用而达到干燥的目的。依其作用原理的不同可将干燥剂分成两大类：一类是可形成结晶水的无机盐类，如无水氯化钙、无水硫酸镁、无水碳酸钠等；另一类是可与水发生化学反应的物质，如金属钠、五氧化二磷、氧化钙等。前一类作用是可逆的，升温即放出结晶水，故在蒸馏前需将干燥剂滤除；后一类作用是不可逆的，在蒸馏时可不必滤除。对于一次具体的干燥过程来说，需要考虑的因素有干燥剂的种类、用量，干燥的温度和时间以及干燥效果的判断等。这些因素是相互联系、相互制约的，因此需要综合考虑。

(1) 干燥剂的种类选择

① 所用干燥剂不能溶解于被干燥液体，不能与被干燥液体发生化学反应，也不能催化被干燥液体发生自身反应。有机物的干燥通常将干燥剂直接与之接触，因而所用的干燥剂必须不与该物质发生反应且不溶于该液体中。

a. 无水氯化钙（$CaCl_2$） 适用于烃类、醚类等化合物的干燥，不适用于醇、酚、胺、酰胺、某些醛、酮及酯的有机化合物的干燥，因为能与它们形成络合物。

b. 无水硫酸镁（$MgSO_4$）与无水硫酸钠（Na_2SO_4） 中性干燥剂，不与大多数有机化合物和酸性物质起反应，可干燥许多不能用氯化钙干燥的有机化合物。

c. 无水硫酸钙（$CaSO_4$） 高效中性干燥剂，常用于硫酸镁或硫酸钠干燥后的第二次干燥。

d. 无水碳酸钾（K_2CO_3） 一般用于水溶性醇和酮的初步干燥，不适用于酸性物质的干燥。

e. 氢氧化钠（NaOH）、氢氧化钾（KOH） 一般用于胺类化合物的干燥。

f. 金属钠（Na） 适用于已初步干燥的醚、烷烃、芳烃及叔胺等有机化合物中微量水分的除去。操作时应将钠处理成钠丝或钠珠。干燥时应注意有氢气放出，所以应在瓶塞中连接无水氯化钙干燥管，使氢气放空而水汽不致进入。干燥完毕应将残留的钠回收至煤油或二甲苯中保存，或以无水乙醇处理后弃去，切忌直接倒入回收容器中，以免发生事故。

各类液态有机物的常用干燥剂列于表2-5。

② 干燥剂的干燥效能和需要干燥的程度 无机盐类干燥剂不可能完全除去有机液体中的水。因所用干燥剂的种类及用量不同，所能达到的干燥程度亦不同，应根据需要干燥的程度来选择。

表 2-5　各类液态有机物的常用干燥剂

液态有机化合物	适用的干燥剂
醚类、烷烃、芳烃	$CaCl_2$、Na、P_2O_5
醇类	K_2CO_3、$MgSO_4$、Na_2SO_4、CaO
醛类	$MgSO_4$、Na_2SO_4
酮类	$MgSO_4$、Na_2SO_4、K_2CO_3
酸类	$MgSO_4$、Na_2SO_4
酯类	$MgSO_4$、Na_2SO_4、K_2SO_4
卤代烃	$CaCl_2$、$MgSO_4$、Na_2SO_4、P_2O_5
有机碱类(胺类)	NaOH、KOH

(2) 干燥剂的用量

① 被干燥液体的含水量　液体的含水量包括两部分：一是液体中溶解的水，可以根据水在该液体中的溶解度进行计算。表 2-6 列出了水在一些常用有机溶剂中的溶解度。对于表中未列出的有机溶剂，可从其他文献中查找，也可根据其分子结构进行估计。二是在萃取分离等操作过程中带进的水分。这部分水分无法计算，只能根据分离时的具体情况进行推算。例如在分离过程中若油层与水层界面清楚，各层都清晰透明，分离操作适当，则带进的水就较少；若分离时乳化现象严重，油层与水层界面模糊，分得的有机液体浑浊，甚至带有水包油或油包水的珠滴，则会夹带有大量水分。

表 2-6　水在有机溶剂中的溶解度

溶剂	温度/℃	含水量/%	溶剂	温度/℃	含水量/%
四氯化碳	20	0.008	二氯乙烷	15	0.14
环已烷	19	0.010	乙醚	20	0.19
二硫化碳	25	0.014	乙酸正丁酯	25	2.40
二甲苯	25	0.038	乙酸乙酯	20	2.98
甲苯	20	0.045	正戊醇	20	9.40
苯	20	0.050	异戊醇	20	9.60
氯仿	22	0.065	正丁醇	20	20.07

② 干燥剂的吸水容量及需要干燥的程度　吸水容量指每克干燥剂能够吸收的水的最大量。通过化学反应除水的干燥剂，其吸水容量可由反应方程式计算出来。无机盐类干燥剂的吸水容量可按其最高水合物的示性式计算。用液体的含水量除以干燥剂的吸水容量可得干燥剂的最低需用量，而实际干燥过程中所用干燥剂的量往往是其最低需用量的数倍，以使其形成含结晶水数目较少的水合物，从而提高其干燥程度。当然，干燥剂也不是用得越多越好，因为过多的干燥剂会吸附较多的被干燥液体，造成不必要的损失。

(3) 温度、时间及干燥剂的粒度对干燥效果的影响

无机盐类干燥剂生成水合物的反应是可逆的，在不同的温度下有不同的平衡。在较低温度下水合物较稳定，在较高温度下则会有较多的结晶水释放出来。所以在较低温度下干燥较为有利。干燥所需的时间因干燥剂的种类不同而不同，通常需两个小时，以利于干燥剂充分

与水作用，最少也需半小时。若干燥剂颗粒小，与水接触面大，所需时间就短些，但小颗粒干燥剂总表面积大，会吸附过多被干燥液体而造成损失；大颗粒干燥剂总表面积小，吸附被干燥液体少，但吸水速度慢。所以太大的颗粒宜作适当破碎，但又不宜太碎。

（4）干燥的实际操作

通常是将待干燥的液体置于锥形瓶中，根据粗略估计的含水量大小，按照每 10mL 液体 0.5～1g 干燥剂的比例加入干燥剂，塞紧瓶口，稍加摇振，室温放置半小时，观察干燥剂的吸水情况。若块状干燥剂的棱角基本完好，细粒状的干燥剂无明显粘连，或粉末状的干燥剂无结团、附壁现象，同时被干燥液体已由浑浊变得清亮，则说明干燥剂用量已足，继续放置一段时间即可过滤。若块状干燥剂棱角消失而变得浑圆，细粒状、粉末状干燥剂粘连、结块、附壁，则说明干燥剂用量不够，需再加入新鲜干燥剂。如果干燥剂已变成糊状或部分变成糊状，则说明液体中水分过多，一般需将其过滤，然后重新加入新的干燥剂进行干燥。若过滤后的滤液中出现分层，则需用分液漏斗将水层分出，或用滴管将水层吸出后再进行干燥，直至被干燥液体均一透明，而所加入的干燥剂形态基本上没有变化为止。

此外，一些化学惰性的液体，如烷烃和醚类等，有时可用浓硫酸干燥。当用浓硫酸干燥时，硫酸吸收液体中的水而发热，所以不可将瓶口塞起来，而应将硫酸缓缓滴入液体中，同时振荡或回流，使硫酸与液体充分接触，最后用蒸馏法收集纯净的液体。

2.4.2 固体的干燥

固体有机物在结晶（或沉淀）、过滤、收集过程中，常含有一些水分或有机溶剂。干燥时应根据被干燥固体有机物的特性和被除溶剂的性质选择合适的干燥方式。常见的干燥方式有：

（1）在空气中晾干　对热稳定性较差且不吸潮的固体有机物或结晶中吸附有易燃和易挥发的溶剂（如乙醚、石油醚、丙酮等）进行干燥时，应先放在空气中晾干（盖上滤纸以防灰尘落入）。

（2）红外线干燥　红外灯和红外干燥箱是实验室常用的干燥固体物质的器具。它们都是利用红外线穿透能力强的特点，使水分或溶剂从固体内部的各部分蒸发出来，干燥速度较快。红外灯通常是与变压器联用的，根据被干燥固体的熔点高低来调整电压，控制加热温度，以避免因温度过高而造成固体的熔融或升华。用红外灯干燥时需注意经常翻搅固体，这样既可加速干燥，又可避免烤焦。

（3）烘箱干燥　烘箱多用于无机固体的干燥，特别是对干燥剂的焙烘或再生，如硅胶、氧化铝等的干燥。熔点高的不易燃有机固体也可用烘箱干燥，但必须保证其中不含易燃溶剂，而且要严格控制温度以免造成熔融或分解。

（4）真空干燥箱　当被干燥的物质数量较大时，可使用真空干燥箱。其优点是使样品维持在一定的温度和负压下进行干燥，干燥量大，效率较高。

（5）干燥器干燥　凡易吸潮或在高温干燥时会分解、变色的固体物质，可置于干燥器中干燥。用干燥器干燥时需使用干燥剂。干燥剂与被干燥固体同处于一个密闭的容器内但不相接触，固体中的水或溶剂分子缓缓挥发出来并被干燥剂吸收。因此对干燥剂的选择原则主要考虑其能否有效地吸收被干燥固体中的溶剂蒸气。表 2-7 列出了常用干燥剂可以吸收的溶剂，选择干燥剂时可参考。

干燥器的使用

表 2-7 干燥固体的常用干燥剂

干燥剂	可以吸收的溶剂蒸气
CaO	水、乙酸(或氯化氢)
$CaCl_2$	水、醇
NaOH	水、乙酸、氯化氢、酚、醇
浓 H_2SO_4	水、乙酸、醇
P_2O_5	水、醇
石蜡片	醇、醚、石油醚、苯、甲苯、氯仿、四氯化碳
硅胶	水

2.4.3 气体的干燥

气体的干燥可根据气体的性质，使气体通过有适当的干燥剂填充的干燥塔或盛有浓硫酸、甘油等液体吸水剂的洗气瓶，使气体的水分被吸收而除去。干燥气体时所用的干燥剂见表 2-8。

表 2-8 干燥气体时所用的干燥剂

干燥剂	可干燥的气体
石灰、碱石灰、固体氢氧化钠(钾)	NH_3,胺类等
无水氯化钙	H_2,HCl,CO_2,CO,SO_2,N_2,O_2,低级烷烃,醚,烯烃,卤代烷
五氧化二磷	H_2,O_2,CO_2,CO,SO_2,N_2,烷烃,乙烯
浓硫酸	H_2,N_2,CO_2,Cl_2,CO,烷烃,HCl
溴化钙,溴化锌	HBr

2.5 搅拌方法

在非均相反应中，搅拌可增大相间接触面，缩短反应时间；在边反应边加料的实验中，搅拌可防止局部过浓、过热，减少副反应。所以搅拌在合成反应中有广泛的应用。

2.5.1 手工搅拌

若反应时间不长，无毒气放出，且对搅拌速度要求不高，可在敞口容器（如烧杯）中用手工搅拌。一般情况下只可用玻璃棒而不许用温度计搅拌。但若在搅拌反应的同时还需观察温度，则可用小橡皮圈将温度计和玻璃棒套在一起搅拌。玻璃棒的下端应超出温度计的水银泡约 0.5cm，搅拌不宜过猛，尽量不要触及容器内壁，以免打破容器或温度计。

2.5.2 电动搅拌

当反应需要进行较长时间，有毒气放出，需同时回流或需按一定速率长时间持续滴加料液时，采用电动搅拌。电动搅拌的装置如图 2-1 所示，由电动机、搅拌棒、搅拌头三部分组成。在搅拌装置安装好后，先用手指搓动搅拌棒试转，确信搅拌棒及其叶片在转动时不会触及瓶壁和温度计（如果插有温度计的话），摩擦力亦不甚大，然后才可旋动调速旋钮，缓缓地由低挡向高挡旋转，直至所需转速。不可过快地短时间旋到高挡。任何时候只要听到搅拌棒擦刮、撞击瓶壁的声音，或发现有停转、疯转等异常现象，都应立即将调速旋钮旋至零，然后查找原因并作适当调整或处理，再重新试转。

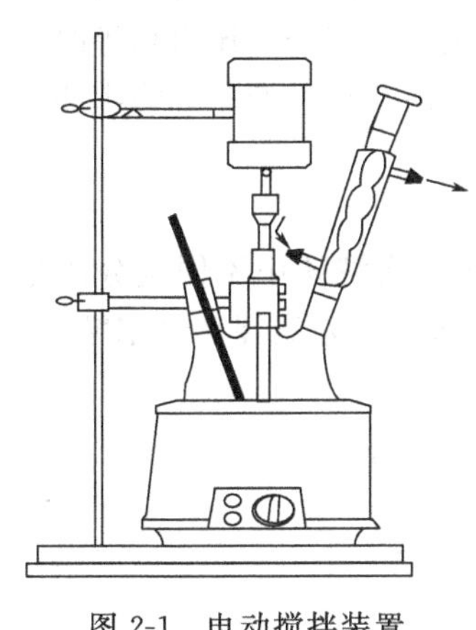

图 2-1　电动搅拌装置

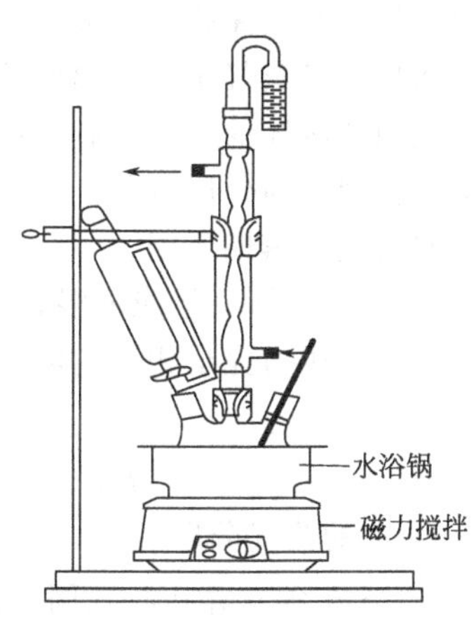

图 2-2　磁力搅拌装置

2.5.3 磁力搅拌

磁力搅拌的装置如图 2-2 所示。它是以电动机带动磁场旋转，并以磁场控制磁子旋转的。磁子是一根包裹着玻璃或聚四氟乙烯外壳的软铁棒，外形为棒状（用于锥形瓶等平底容器）或橄榄状（用于圆底烧瓶或梨形瓶），直接放在瓶中。一般磁力搅拌器都兼有加热装置，可以调速调温，也可以按照设定的温度维持恒温。在物料较少，不需太高温度的情况下，磁力搅拌可代替其他方式的搅拌，且易于密封，使用方便。但若物料过于黏稠，或其中有大量较重的固体颗粒，或调速过急，都会使磁子跳动而撞破瓶壁。如果发现磁子跳动，应立即将调速旋钮旋到零，待磁子静止后再重新缓缓开启，必要时还需加适当的溶剂以改变其黏度等。

2.6 蒸馏与分馏

蒸馏和分馏是分离和提纯有机化合物的常用手段。根据有机化合物性质不同，在具体运用上分为简单蒸馏、分馏、水蒸气蒸馏和减压蒸馏。

2.6.1 理想溶液的蒸馏原理

(1) 纯净液体的蒸气压

液体分子处于运动中，动能较大的分子在接近液面时会脱离液面的束缚而逸散到空气中。如果将液体置于一个真空密闭状态，分子逸出液面仍会发生，但逸出液面的分子却只能在有限的空间中漂游而形成蒸气。由于分子互相碰撞，有的分子被撞回液体中去。当达到平衡时，单位时间内逸出液面的分子数与重新回到液体中的分子数相等，液面上蒸气的密度不再增加，即达到了饱和。饱和时蒸气的压力称为该种液体的饱和蒸气压，简称蒸气压。在同一温度下，不同种的液体一般具有不同的蒸气压；而同一种液体，其蒸气压大小仅与温度有关，而与液体的绝对量无关。当液体种类一定，温度一定时，蒸气压具有固定不变的值。

将液体加热，其蒸气压随着温度的升高而升高。当蒸气压与外界压力相等时，汽化现象发生于液体表面和液体的内部，有大量气泡从液体内部逸出，这种现象称为沸腾。沸腾时的温度称为沸点。沸点与外压有关。

(2) 理想溶液的蒸馏原理

设有液体 A 和液体 B 组成的混合物，且为理想溶液（指液体中不同组分的分子间作用力和相同分子间作用力完全相等的溶液）。依据拉乌尔（Raoult）定律和道尔顿分压定律：

$$p_A = p_A^0 x_A$$

$$p_{总} = p_A + p_B = p_A^0 x_A + p_B^0 x_B$$

式中 p_A——A 的蒸气分压；

p_A^0——当 A 独立存在时在同一温度下的蒸气压；

x_A——A 在该体系中的摩尔分数；

x_B——B 在体系中的摩尔分数。

由于该体系中只有 A、B 两个组分，所以 $x_A = 1 - x_B$，显然，$x_A < 1$，$p_A < p_A^0$，即在无限混溶的二元体系中各组分的蒸气分压低于它独立存在时在同一温度下的蒸气压。同理，对于液体 B 来说，也有 $p_B = p_B^0 x_B < p_B^0$。对体系加热，p_A 和 p_B 都随温度升高而升高，当升至 $p_{总}$ 与外界压力相等时，液体沸腾。

如果 A 的沸点低于 B 的沸点，且 A、B 在液相中的摩尔分数相同，即 $x_A = x_B$，由于 A 的沸点低，挥发性大，因而有较多的 A 分子脱离液相而进入气相，则在气相中 A 将有较大的摩尔分数，即液相和气相的组成不同。如果将沸腾时产生的混合蒸气冷凝收集，则在收集所得的液体中 A 所占的比例必然大于它在原来的二元体系中所占的比例，或者说，低沸点组分在收集液中得到富集。这就是简单蒸馏的基本原理。

图 2-3 给出了苯和甲苯二元理想溶液的气液平衡相图。下面的实线为组成-沸点曲线，它表示混合液体的沸点随组成的变化而变化的关系。上面的虚线为蒸气的温度-组成曲线，它表示蒸气的组成随温度的变化而变化的情况。两条曲线构成了三个区域：气相区、液相区和气液两相共存区（两曲线之间）。

从图中可以看出：在同一温度下，气相组成中易挥发物质的含量高于液相组成中易挥发物质的含量。

利用相对挥发度 α 可以判断混合物是否能用蒸馏的方法分离以及分离的难易程度。对于理想溶液：

$$\alpha = p_A^0 / p_B^0。$$

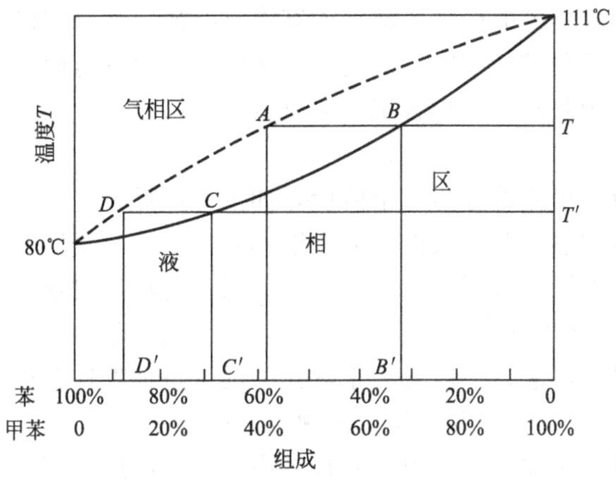

图 2-3 由苯和甲苯组成的二元体系相图

如 $\alpha>1$，$p_A^0>p_B^0$，表示组分 A 比组分 B 容易挥发，α 越大，分离越容易；如 $\alpha=1$，$p_A^0=p_B^0$，表示气相组成等于液相组成，一般不易分离。

在实际蒸馏过程中，沸点的变化如图 2-4 所示，分三种情况：其中图 2-4(a) 表示当液体为纯净的液体时，蒸馏过程中沸点维持恒定或基本恒定，沸点曲线表现为一条水平的或接近水平的直线；图 2-4(b) 表示当混合物两组分沸点接近时，在蒸馏过程中沸点的变化表现为一条平滑上升的曲线，就像苯和甲苯的混合物一样，无论在什么时间更换接收瓶，都不能获得纯净的单一组分，只有在高沸点组分的含量甚少，例如在 10%以下时，在接近低沸组分沸点的一个很窄的温度范围内蒸馏，才能获得少量较为纯净的低沸点组分；图 2-4(c) 表示当混合物两组分沸点相差很大时，蒸馏过程中有一个温度突升的阶段，在此期间更换接收容器，可以获得虽非完全但已足够满意的分离效果。

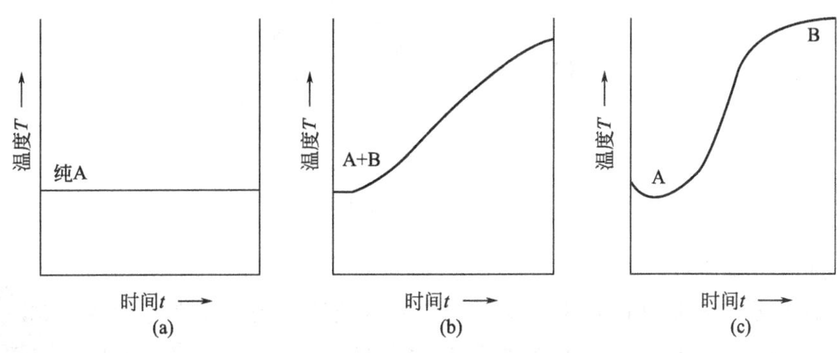

图 2-4 蒸馏过程中沸点变化的三种情况

2.6.2 简单蒸馏

将液体加热汽化，同时使产生的蒸气冷凝液化并收集的联合操作过程叫作简单蒸馏或普通蒸馏，也简称蒸馏。沸点低者先流出。

(1) 简单蒸馏的主要作用

简单蒸馏是有机化学实验中最重要的基本操作之一，在实验室和工业生产中都有广泛的应用。其主要作用是：①分离沸点相差较大（通常要求相差 30℃以上）且不能形成共沸物的液体混合物；②除去液体中的少量低沸点或高沸点杂质；③测定液体的沸点；④根据沸点变化情况粗略鉴定液体的种类和纯度。但简单蒸馏的分离效果有限，不能用以分离沸点相近的液体混合物，也不能把共沸混合物各组分完全分开。

（2）蒸馏过程

通过蒸馏曲线可以看出蒸馏分为三个阶段，如图 2-4 所示。

在第一阶段，随着加热，蒸馏瓶内的混合液不断汽化，直至液体沸腾。当蒸汽未达到温度计水银球部位时，温度计读数不变。一旦水银球部位有液滴出现（说明体系处于气液平衡状态），温度升高，直至接近挥发组分沸点，有液体被冷凝流出。通常在温度尚未达到预期的馏出液沸点之前少量馏出液，一般是溶于液体中的少量挥发性杂质，这部分馏出液称为前馏分（馏头）。前馏分的沸点低于收集组分的沸点，故弃去。

在第二阶段，温度稳定在沸程之内，沸程越小，组分纯度越高。此时，流出的液体为馏分，即产物。当温度超过沸程，即停止接收。

在第三阶段，若混合液只有一种组分要收集，则瓶内剩余液体作为馏尾弃去。无论何种蒸馏，瓶内的液体都不能蒸干，以防蒸馏瓶过热或有过氧化物存在而发生爆炸。

（3）简单蒸馏装置

实验室中常用的简单蒸馏装置如图 2-5 所示，由热源、蒸馏瓶、蒸馏头、温度计、冷凝管、尾接管和接收瓶组成。

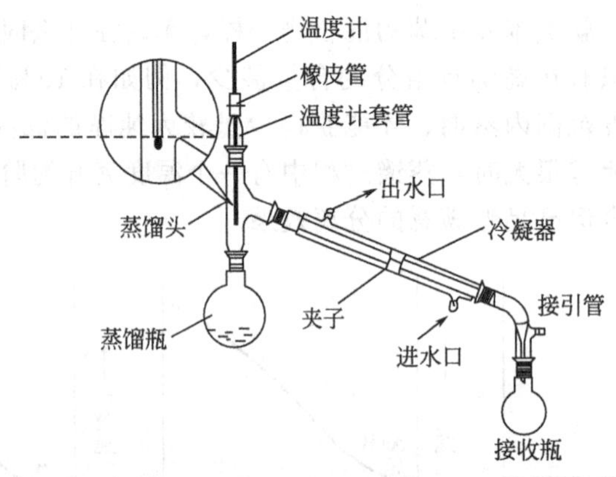

图 2-5　简单蒸馏装置

在装配过程中应注意：

① 蒸馏瓶根据待蒸液体的量来选择，通常使待蒸液体的体积在蒸馏瓶容积的 1/3～2/3。若装料过多，沸腾激烈时液体可能冲出，同时混合液体的小珠滴也可能被蒸气带出，混入馏出液中，降低分离效率；若装入的液体太少，在蒸馏结束时，过大的蒸馏瓶中会容纳较多的气雾，相当于有一部分物料不能蒸出而使产物受到损失。

蒸馏基本操作

② 温度计的选择应使其量程高于被蒸馏物的沸点至少 20℃。在安装时可根据所用蒸馏头来确定温度计的高度。蒸馏头上安装的温度计位置应使其水银球的上沿与支管拐点的下沿在同一水平线上，如图 2-5 所示。安装过低，其读数会偏高；反之，安装过高，水银球不能全部浸没，读数偏低。

③ 冷凝管也是根据被蒸馏物的沸点选择的，同时适当考虑被蒸馏物的含量。通常蒸馏低沸点、高含量的液体选用粗而长的冷凝管，但蒸馏高沸点、低含量的液体则选用细而短的

冷凝管。被蒸馏物沸点在 140℃以下，一般选用直形冷凝管，在 140℃以上则选用空气冷凝管。因为温度过高，如用水作为冷却介质，冷凝管内外温差增大，而使冷凝管接口处局部骤然遇冷容易断裂。

④ 任何蒸馏和回流装置均不能密闭，否则，当液体蒸气压增大时，液体会冲出蒸馏瓶。

⑤ 接收瓶可选用圆底烧瓶或锥形瓶，其大小取决于馏出液的体积。如果蒸馏的目的仅在于除去液体中的少量杂质，或者为了从互溶的二元体系中分离出它的低沸点组分，则至少应准备两个接收瓶。如果是为了从三元体系中分别分离出沸点较低的两个组分，则至少应准备三个接收瓶，依此类推。接收瓶应干净、干燥，并事先称重，贴上标签，以便在接收液体后计算液体的质量。

（4）简单蒸馏的操作

① 装置的安装　按照装置图 2-5，各仪器的接头处需连接紧密，确保不漏气。安装仪器时，按自上而下、从左到右的顺序组装。

安装好的装置，其竖直部分应垂直于实验台面。全部仪器的中轴线应在同一个平面内，铁架台一律放在仪器后面。

如果在同一张实验台上同时安装两台或多台简单蒸馏装置，则各台装置应“头对头”或“尾对尾”地安装，一般不允许首尾相连，以免一台装置的尾气放空处距另一台装置的火源太近而发生危险。

② 投料　装置安装完毕，取下温度计，在蒸馏头上口处装一长颈三角漏斗，自漏斗中加进待蒸馏液体。漏斗的尾端应伸至蒸馏头的支管口以下，以避免粗料直接流入冷凝管和接收瓶。

③ 加沸石　为了防止液体暴沸，加入 2～3 粒沸石，形成汽化中心。当液体量不大时，也可事先将液体和沸石直接加进蒸馏瓶然后依前法安装装置。如加热过程中断，再加热时应重新加入沸石，因原来的沸石小孔已被液体充满，不能再起汽化中心的作用。

④ 蒸馏和接收　小心开启冷却水并调整到合适的进出水速度。打开电源或点燃煤气灯加热。开始时加热速度宜稍快，并注意观察蒸馏瓶上部和蒸馏头内的气雾上升情况，当气雾上升至开始接触温度计的水银球时，调节加热速度，使水银球全部浸在气雾中并有冷凝的液滴顺温度计滴下。此后的加热强度以使尾接管下部每秒钟滴下 1～2 滴液体为宜。蒸馏时，温度计水银球上应始终有液滴存在。如没有液滴，一般有两种现象：一是加热过快，蒸气过热，使温度计读数偏高，影响分离效果。二是加热不足，温度计读数偏低。记下流出第一滴液体时的温度。待前馏分出完时，温度会趋于稳定，更换接收瓶接收并记下这个稳定的温度，这时接收到的即是较纯净的液体组分，称为正馏分。在正馏分基本蒸完，而高沸点的组分尚未大量蒸出时，温度将会有短暂的下降。更换接收瓶接收第二个馏分。继续加热，温度将再回升并超过原来恒定的温度，在较高的温度下达到新的气液平衡，这时蒸出的是沸点较高的液体组分，再将各个组分逐一接收。

⑤ 装置的拆除　全部蒸馏结束，先熄灭火焰或切断电源，移去热浴，稍冷后关闭冷却水，小心取下接收瓶，然后按照与安装时相反的次序依次拆除各件仪器，并将拆下的仪器清洗干净、备用。

（5）蒸馏中的注意事项

① 防止暴沸。有时液体的温度已经达到或超过其沸点而液体仍不沸腾，这种现象称为过热。过热的原因在于液体内部缺乏汽化中心。通常液体在接近沸点的温度下，内部会产生大量极其微小的气泡。这些气泡由于太小，其浮力不足以冲脱液体的束缚，因而分散地滞留

于液体中。如果装盛液体的瓶底较为粗糙，吸附有较多空气，则受热时空气泡体积会迅速增大并向上浮起，在上升时吸收液体中滞留的微小蒸气泡一起逸出液面。但在玻璃瓶中加热液体，瓶底及内壁非常光滑，极少吸附空气，不能提供汽化中心，就会形成过热现象，特别当液体较黏稠时更易过热。

过热液体的内部蒸气压大大超过了外界压力，一旦有一个汽化中心形成，即会造成许多较大的气泡，这些气泡在上升过程中又会进一步吸收大量滞留的蒸气泡而使其体积急剧膨胀并携带液体冲出瓶外，这种不正常的沸腾现象称为暴沸。在简单蒸馏、减压蒸馏等操作中，暴沸会将未经分离的混合物冲入已被分开的纯净物中去，造成实验失败。暴沸还会冲脱仪器连接处，引发着火、中毒等实验事故。为防止暴沸，在蒸馏、回流等操作中投入碎瓷片，以其粗糙表面上吸附的空气提供汽化中心，这种碎瓷片称为沸石。沸石为多孔型物质，可形成汽化中心。在减压蒸馏中，则通过毛细管连续地向液体中导入空气作为汽化中心。

② 为了防止暴沸，在加热前必须在液体中加入沸石。如果蒸馏中途需要停顿，则在重新加热之前必须加入新的沸石，也可用一端封闭、开口向下的几根毛细管代替沸石，它也可以为液体提供汽化中心。如果加热前忘了加沸石，液体已经过热而仍未沸腾，则应立即移去热源，待液体冷却至其沸点以下，再加入沸石并重新加热，切不可在过热的液体中直接加入沸石。如果已经发生了暴沸，应立即移开火源，稍冷后将冲入接收瓶中的液体倒回蒸馏瓶中，加入沸石后再重新加热蒸馏。

③ 如采用浴液加热，则浴温一般超过被蒸馏物沸点 20～25℃为宜，最高不能高出30℃。如浴温太低，则蒸馏太慢，甚至蒸不出来；如果，浴温过高，则蒸馏过快，分离效果不好，且易造成物料分解、仪器爆裂等事故。

④ 尾接管的支管应保持与大气畅通，否则会造成密闭系统而发生危险。在蒸馏易燃或有毒液体时，应在尾接管的支管上连接橡皮管，将产生的尾气导入水槽。如果蒸馏系统需避免潮气浸入，则应在尾接管支管上加置干燥管。

⑤ 注意控制冷却水的进出量。一般说来，如被蒸馏液的沸点在 120～140℃之间，冷却水应开得很小，只要有冷却水缓缓流过夹套，即足以使管内气雾冷凝下来，如果冷却水开得过大，则由于管内外温差太大而可能造成冷凝管破裂。如被蒸馏液的沸点在 100℃左右，水可开到中速。被蒸馏液的沸点在 70℃以下时，通冷却水的速度宜快，以利于充分冷却；如被蒸馏液沸点甚低，接近室温，则通过冷凝管的水需先用冰水浴冷却，并将接收瓶浸于冰浴中接收，以避免过多的挥发损失。如果被蒸馏物沸点特别高，气雾在没有达到蒸馏头的支管之前即冷却成液体流下，因而不能蒸出时，可在蒸馏头的支管以下部分缠上石棉绳，或以石棉布包裹，使液体在“保温”下蒸出。反之，如果需要蒸馏大量低沸点液体时，可以用竖直安装的蛇形冷凝管代替倾斜安装的直形冷凝管。

⑥ 在蒸馏之前，必须查阅有关书籍、手册，以期对被蒸馏物的物理和化学性质有尽可能多地了解，以采取相应的处理办法，如乙醚、四氢呋喃等，久置可能形成过氧化物，故在蒸馏之前需先检查并除去，以免使过氧化物在蒸馏过程中浓缩而引起爆炸，多硝基化合物或肼类的溶液在浓缩到一定程度时也会造成爆炸，所以这样的液体需在具有安全装置的通风橱中蒸馏，操作人员需戴上防护面罩，而且不能蒸干。

⑦ 若需要蒸馏的液体体积太大，或需要浓缩大量稀溶液，或需要将大量稀溶液蒸去溶剂以取得其中溶解的少量溶质，可采用图 2-6 的装置，一边蒸馏一边慢慢滴加溶液。这样可避免使用过大的蒸馏瓶，以期减少瓶壁黏附的损失。

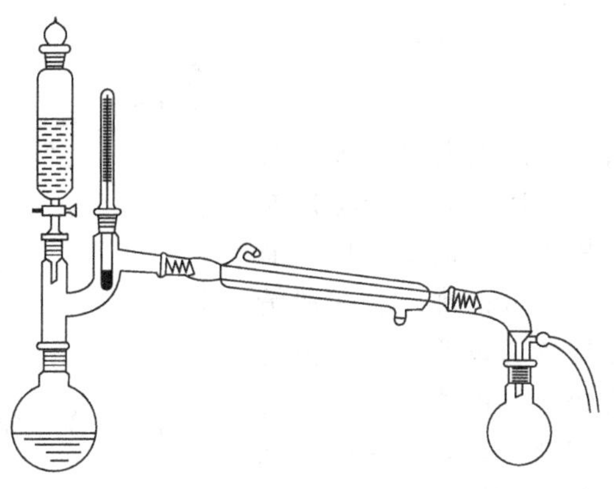

图 2-6　大量稀溶液的浓缩

2.6.3　简单分馏

简单分馏主要用于分离两种或两种以上沸点相近且混溶的液态化合物。因为仅用一次蒸馏不可能把各组分完全分开。若要获得较纯组分，则必须进行多次蒸馏。这样既费时，液体损失量又大。故通常采用分馏的方法。

（1）分馏原理

利用分馏柱进行分馏，实际上就是在分馏柱内使混合物进行多次汽化和冷凝。

分馏与简单蒸馏的根本区别在于混合蒸气在其升腾的途中是否受阻。在简单蒸馏中，由混合液体蒸发出来的蒸气仅仅经历很短的途程，即毫无阻碍地进入冷凝管；而在分馏中，上升的混合蒸气需经过分馏柱后才被冷凝收集。分馏柱是一支具有特定内部结构或在其内部装有某种填料的竖直安装的圆柱。当混合蒸气经过分馏柱时会多次受到固体（柱的内部结构或填料）和液体（向下滴落的液滴以及填料表面的液膜）的阻挡。每受到阻挡时即发生局部的液化。由于高沸点液体的蒸气较易于液化，所以在局部液化而形成的液滴中就含有较多的高沸点组分，而未能液化下来，继续保持上升的蒸气中则含有相对丰富的低沸点组分。这些蒸气在上升途中又会遇到从上面滴下的液滴，并把部分热量传给液滴，自身又经历一次局部液化。同时，接收了部分热量的液滴则会发生局部汽化，形成的蒸气中低沸点组分的含量又比未汽化的那一部分液滴中丰富。这样，在整个分馏过程中，上升的蒸气不断地与下降的液滴发生局部的热量传递和物质交换，每一次交换，都使蒸气中的低沸点组分得到进一步的富集，当它升至柱顶侧的出料支管口时，已经经历了很多次的汽化-液化-汽化的过程，即相当于经历了许多次的简单蒸馏，从而获得了好的分离效果。在同一过程中，下降的液滴也在经历着热量交换和物质交换，只是每次交换都使其中的高沸点组分得到富集。最后，这些液滴陆续落回到柱底的蒸发器（相当于蒸馏瓶）中，并再度被蒸发出来，蒸发器中的高沸点组分就越来越浓。凝液中的高沸点组分增加，如此进行多次的气液平衡，即达到了多次蒸馏的效果。当分馏柱的柱效足够时，从分馏柱顶部出来的几乎是纯净的易挥发组分，而高沸点组分则残留在烧瓶中。简言之，分馏即为反复多次的简单蒸馏，工程中常称为精馏。

（2）分馏装置

分馏装置与简单蒸馏装置类似，不同之处是在蒸馏瓶与蒸馏头之间加了一根分馏柱。实验室中常用的分馏柱为韦氏分馏柱，实验装置如图 2-7 所示。

(3) 分馏过程及操作要点

① 分馏操作　同蒸馏一样，但要控制加热强度。

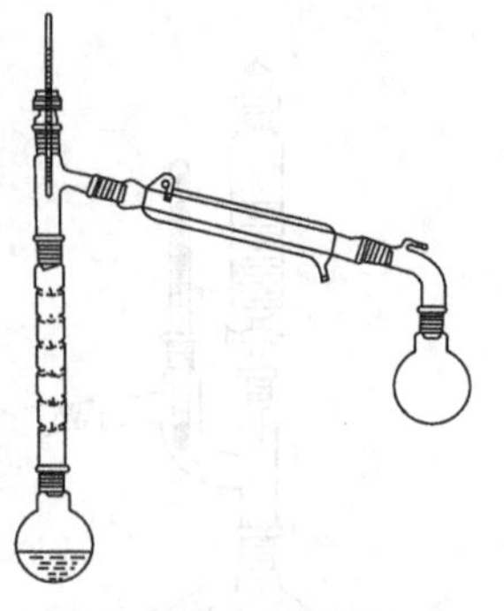
图 2-7　简单分馏装置

分馏的基本操作

在分馏中，保证柱内有一定的温度梯度是极为重要的。在理想情况下，柱底的温度与蒸馏瓶液体沸腾时的温度接近。柱内自下而上温度不断降低，直至柱顶接近易挥发组分的沸点。一般情况下，柱内温度梯度的保持是通过调节馏出液速度来实现的。若加热速度快，蒸出速度也快，过多地取走富含低沸点组分的蒸气，必然会减少柱内下滴的液体的量，从而破坏了柱内的气液平衡，柱内温度梯度变小，影响分离效果。若加热速度慢，蒸出速度也慢，会有更多的高沸点组分进入柱身，使柱身被流下来的冷凝液堵塞，这种现象叫作液泛（即当蒸出速度增大至某一程度时，上升的蒸气将回流的液体向上顶起的现象）。为了避免上述情况发生，可以通过控制适当的回流比来实现。为了维持柱内的平衡，通常是将升入柱顶的蒸气冷凝后使其一部分流出接收，而使其余部分流回柱内。在单位时间内，流回柱内的液量与馏出液量之比称为回流比。在柱内蒸气量一定的条件下，回流比越大，分馏效率越高，但所得到的馏出液越少，完成分馏所消耗的能量就越多。因此，控制适当的回流比和蒸出速度是重要的。一般控制回流比在 4∶1（回流液每秒 4 滴，馏出液为每秒 1 滴）。

② 在分馏过程中，也要防止回流液在柱内聚集，否则会减少液体和蒸气的接触面积，达不到分馏的目的。为避免此情况，需在分馏柱外包裹一定厚度的保温材料，以保证柱内有一定的温度梯度，防止蒸气在柱内冷凝太快。

2.6.4 减压蒸馏

减压蒸馏，亦称真空蒸馏（vacuum distillation），即在降低外界压力的同时也对液体进行加热，是实验室中常用的基本操作之一（一般将低于 101325Pa 的气态空间称为真空）。

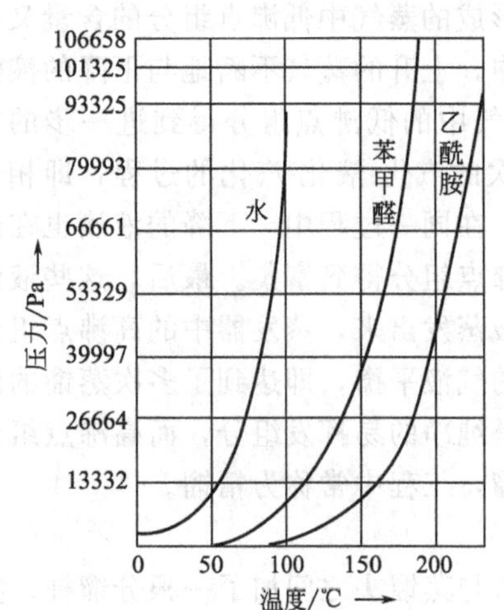

图 2-8　化合物的沸点与外界压力的关系

(1) 减压蒸馏使用范围

由于在减压条件下液体的沸点降低，故减压蒸馏主要应用于以下情况：①纯化高沸点液体；②分离或纯化在常压沸点温度下易于分解、氧化或发生其他化学变化的液体；③分离在常压下因沸点相近而难于分离，但在减压条件下可有效分离的液体混合物；④分离纯化低熔点固体。

(2) 减压蒸馏原理

液体的沸点与外压有关，液体沸腾的唯一条件是液体的蒸气压等于外界施加于液面的压力。外界压力越大，液体沸点越高；外界压力越小，液体沸点越低。化合物的沸点与外界压力的关系如图 2-8 所示。

事实上，在约 2666Pa 的压力下，大多数液体的沸点都比其正常沸点低约 100～120℃。在约 1333～

3333Pa 的压力下，大约压力每减小 133Pa，液体的沸点即下降约 1℃，这种关系并不呈严格的线性。

实际操作中，经常采用图 2-9 估算某种化合物在某一压力下的沸点。在常压沸点、减压沸点和压力这三个数据中，只要知道两个，即可知道代表第三个数据的点。图中仍然沿用了旧的压力单位（mmHg），必要时也可折算成最新国际法定单位（Pa）（1mmHg=133.322Pa）。

例如，文献报道某一化合物在 0.3mmHg（40Pa）下的沸点为 100℃，而所用油泵只能抽到 1mmHg，那么该化合物在此压力下的沸点是多少呢？我们先使直尺经过图 2-9 中 *A* 线上代表 100℃的点和 *C* 线上代表 0.3mmHg 的点，直尺与 *B* 线的交点约为 310℃（这是该化合物的常压沸点）。然后移动直尺使其经过 *B* 线的 310℃点和 *C* 线的 1mmHg 点，则 *CB* 延长线与 *A* 线的交点约为 125℃，此即表明该化合物在 1mmHg（133.322Pa）的压力下将在约 125℃时沸腾。

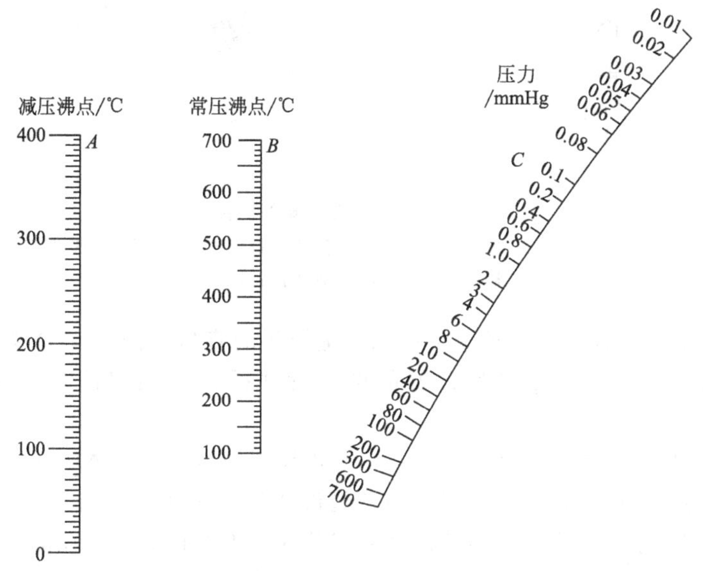

图 2-9　液体常压沸点、减压沸点与压力的关系（1mmHg=133.322Pa）

减压蒸馏就是从蒸馏系统中连续地抽出气体，使系统内维持一定的真空度。通常以系统内剩余气体的压力来比较各个真空系统的真空程度，称作真空度。真空度越高，系统内剩余气体的压力就越小。常将真空划分为粗真空、中度真空和高真空三个等级。

粗真空指真空度为 1333～101325Pa 的真空，通常用水泵取得。

中度真空指 0.13～1333Pa 的真空。普通油泵可达到约 13～130Pa 的真空度，高效油泵可达到约 0.13Pa 的真空。

高真空指 1.3×10^{-6}～0.13Pa 的真空。实验室中是用扩散泵来实现高真空的。

(3) 减压蒸馏装置

实验室所用的减压蒸馏装置大体可分为水泵减压蒸馏装置、油泵减压蒸馏装置和简易油泵减压蒸馏装置三类。

减压蒸馏装置通常由蒸馏烧瓶、冷凝管、接收器、水银压力计、净化塔、缓冲用吸滤瓶和减压泵等组成，如图 2-10 所示。减压蒸馏烧瓶通常用克氏蒸馏烧瓶，也可以由圆底烧瓶和蒸馏头之间装配二口连接管 A 组成，或由圆底烧瓶和克氏蒸馏头组成。它有两个瓶颈，带支管的瓶口装配插有温度计的螺口接头（温度计套管），而另一瓶口则装配插有毛细管 C

的螺口接头。毛细管的下端调整到离烧瓶底约1～2mm处，其上端套一段短橡皮管，在橡皮管中插入一根直径约为1mm的金属丝，用螺旋夹D夹住，以调节进入烧瓶的空气量，使液体保持适当程度的沸腾。在减压蒸馏时，空气由毛细管进入烧瓶，冒出小气泡，成为液体沸腾的汽化中心，同时又能起到一定的搅拌作用。这样可以防止液体暴沸，使沸腾保持平稳。这对减压蒸馏是非常重要的。

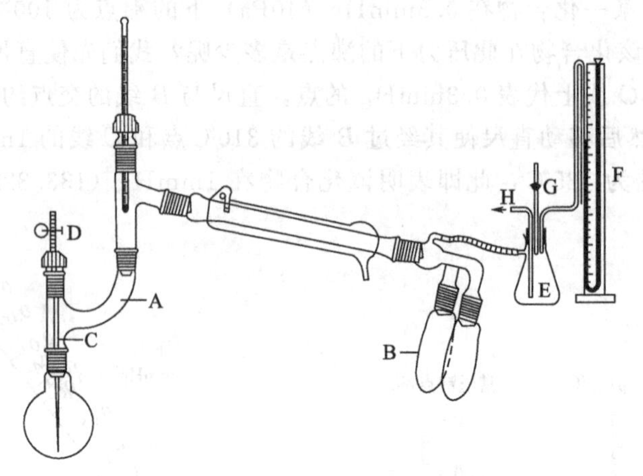

减压蒸馏操作

图 2-10　水泵减压蒸馏装置

A—二口连接管；B—接收器；C—毛细管；D—螺旋夹；E—缓冲用吸滤瓶；
F—水银压力计；G—二通螺旋；H—导管

毛细管是穿过一个单孔橡胶塞安装在克氏蒸馏头的直口上的，其尖端向下伸至距蒸馏瓶底1～2mm处，上端套一段弹性良好的橡皮管并插入一根细铜丝，装上螺旋夹控制开闭。

减压蒸馏装置中的毛细管有两个作用：一是连续地向被蒸馏液体中导入空气，提供汽化中心，保障平稳蒸馏，防止暴沸；二是若被蒸馏液体易于氧化，可经毛细管导入惰性气体，防止氧化。若不用毛细管，而将减压蒸馏装置安装在磁力搅拌器上，在蒸馏瓶中放入搅拌磁子，以搅拌器的加热盘加热浴液，在磁子搅拌下减压蒸馏，则可满足大多数实验的要求，但却不能提供惰性气体保护。

温度计安装在克氏蒸馏头的侧直口上，其量程应高于被蒸馏物的减压沸点30℃以上，应使其水银泡上沿与克氏蒸馏头的支管口下沿在同一水平线上。减压蒸馏的馏出温度在50～100℃之间，多用直形冷凝管。若在140℃以上应选用空气冷凝管。如果被蒸馏的是低熔点固体，则馏出温度可能很高，此时可不用冷凝管而直接将多股尾接管套在克氏蒸馏头的支管上。接收瓶和蒸馏瓶均可选用圆底瓶、尖底瓶或梨形瓶，但不可用锥形瓶或平底烧瓶，以防由于装置内处于真空状态，外部压力过大而引起爆炸。

尾接管上的支口与安全瓶相连，其作用是防止水倒吸和防止物料进入减压系统。

(4) 减压蒸馏的操作程序

① 减压蒸馏开始的操作程序

a. 装置的安装。首先按照图2-10从热源开始逐件安装。各磨口接头处均应涂上一薄层凡士林或真空油脂并旋转至透明，蒸馏部分的玻璃仪器中轴线应在同一平面内。

b. 检漏密封。夹紧毛细管上螺旋夹，打开安全瓶上活塞，接通电源，水泵开始运转后缓缓关闭安全瓶上活塞。抽气数分钟后慢慢打开压力计活塞，观察可否达到预期真空度，如能，表明漏气轻微，不需再作密封。如不能，则说明严重漏气，应逐个旋动各磨口-接头处，观察对压力计读数有无影响，直至找到漏气部位。处理后直至达到或超过所需真空度。

c. 加料。用油泵减压蒸馏时，被蒸液体必须事先用水泵减压蒸馏除去低沸点杂质，故改接油泵后已无需再加料。若必须加料，可拔去装毛细管的塞子，用三角漏斗加入。加料量应不多于蒸馏瓶容积的1/2，加完后重新装好毛细管。

d. 稳定工作压力。旋紧毛细管上螺旋夹，打开安全瓶上活塞，启动油泵。慢慢关闭安全瓶活塞，调整毛细管上螺旋夹使毛细管下端有成串的小气泡冒出，再细心调节安全瓶活塞使压力计读数稳定在所需真空度上。

e. 接通冷却水，缓缓加热升温。当开始有液体馏出时，调节加热强度，控制馏出速度为每秒钟约1～2滴。

f. 当温度达到预期的减压沸点时旋转双股（或多股）尾接管，接收正馏分。

② 减压蒸馏结束时的操作程序

a. 去掉热源、热浴，拧开毛细管上螺旋夹。

b. 慢慢打开安全瓶活塞解除真空，待内外压力平衡后关闭压力计活塞。

c. 切断电源。

d. 关闭冷却水，取下接收瓶。

e. 自尾接管至蒸馏瓶依次拆除各件仪器洗净备用。

f. 如冷却阱中凝集有低沸点液体，应倒出后重新装好，关闭安全瓶上活塞，将抽气管口堵起来以防水汽进入保护系统。

（5）减压蒸馏中应注意的问题

① 只有在工作压力稳定后才可加热。压力计的活塞在需要读数时才打开，读完数立即关闭，以免汞蒸气过多抽入油泵中。

② 如果中途停顿，可按照“减压蒸馏结束时的操作程序”a～c处理，如停顿时间较久，还需关闭冷却水。重新开始时则按照“减压蒸馏开始时的操作程序”d～f进行。

③ 如遇毛细管折断、堵塞或发生其他故障，应立即按中途停顿的方法处理，更换毛细管或排除故障后重新开始。

2.6.5 非理想溶液的蒸馏

虽然多数均相体系的性质接近理想溶液，但实际上大多数溶液还是非理想溶液。在溶液中，由于分子间相互作用的不同，溶液的蒸气压偏离拉乌尔定律，常出现共沸现象。

（1）共沸体系

前面讨论的由苯和甲苯组成的二元液体体系中，体系的沸点随组成的改变而改变，但无论如何改变，总在其低沸点组分沸点与高沸点组分沸点之间。但也有一些二元液体体系的沸点却落在这个温度区间之外，且不因组成的改变而改变，同时，馏出液的组成也保持恒定，这样的体系称为共沸体系。如果体系的沸点低于其低沸点组分的沸点，称为最低共沸体系，它的起因在于两种液体分子间的轻微排斥作用；如果体系的沸点高于其高沸点组分的沸点，则称为最高共沸体系，它起因于两组分液体分子间的轻微相互吸引。

① 最低共沸体系　最常见到的最低共沸体系是由水和乙醇组成的体系。无论这个体系的起始组成如何，当对它加热时，总是在78.15℃沸腾，沸点温度既低于水的沸点（100℃），也低于乙醇的沸点（78.5℃），而且馏出液的组成固定不变（乙醇95.57%，水4.43%，质量比），直至其中一个组分被完全蒸出，然后迅速上升至另一个组分的沸点，直

到蒸干为止。图 2-11 为二元最低共沸体系示意相图。

设在二元最低共沸体系中 A 为低沸点组分，B 为高沸点组分。此体系的相图（图 2-11）中有一个最低温度点 T_0，它所对应的组成点 M 为 70%A 和 30%B。如果体系的起始组成为 40%A 和 60%B，即相当于 N 点。在加热时温度会沿 NQ 线上升，当升至 NQ 与等温线 L_1L_2 的交点 P 时，也就达到了体系的最低共沸点 T_0，于是体系开始沸腾，物料按照 70% A 和 30%B 的固定组成被蒸出来。由于 A 被蒸出的比率大于它在起始体系中的比率，A 将首先消耗完，体系中只剩下 B，于是温度迅速上升至 B 的沸点 T_B，并在 T_B 稳定下来，直到全部液体蒸干为止。

如果体系的起始组成点位于 M 的左侧，也会有类似的结果，只不过首先是 B 被蒸完，然后温度迅速上升到 A 的沸点 T_A。

② 最高共沸体系　最常见的最高共沸体系是盐酸，含氯化氢 20.2%、水 79.8%，恒沸点 108.6℃，高于水的沸点（100℃）和氯化氢的沸点（−84.1℃）。二元最高共沸体系的相图如图 2-12 所示。图中 100%的 A 物质的沸点为 T_A；100%的 B 物质的沸点为 T_B。图中有一个最高温度点 T_0，它所对应的组成点为 M。如果体系的初始组成点在 M 的右侧，例如在 N 处，对其加热升温，当温度升到 P 点（即温度 T_B）时开始沸腾，蒸出的是纯 B。由于 B 的消耗使体系的组成点向左移动。当移动到 M 点时，温度迅速上升到 T_0 并在 T_0 稳定下来，蒸出的是恒沸混合物（组成为 M），直至蒸干。如果体系的初始组成点落在 M 的左侧，则首先蒸出的是纯 A，并使组成点向右移动，当移动到 M 点时，温度会迅速上升到 T_0，再蒸出的就是恒沸混合物了。

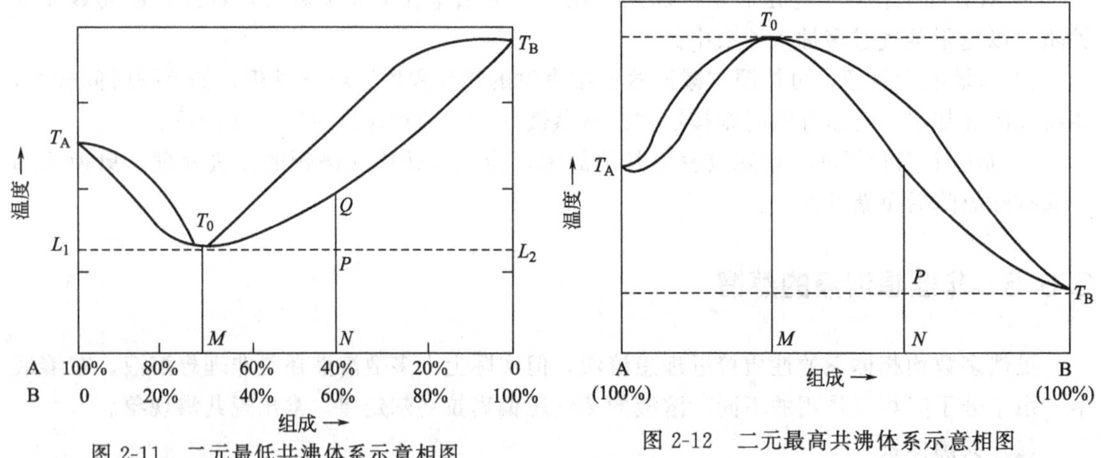

图 2-11　二元最低共沸体系示意相图

图 2-12　二元最高共沸体系示意相图

(2) 共沸蒸馏

由此可知，对二元共沸体系的蒸馏得不到任一组分的纯品。但当体系的初始组成偏离共沸组成点时，用蒸馏方法可以得到某一组分的部分纯品而得不到另一组分的纯品。有机化学实验中应用较多的是最低共沸体系，特别当其共沸点比某一组分的沸点低得多时，可用简单蒸馏法获得该组分的纯品，这种方法称为共沸蒸馏。许多有机溶剂可与水形成二元最低共沸物，因而共沸蒸馏法可用于有机液体的干燥。如果二元最低共沸物的沸点与其组分的沸点相差不大，可用分馏方法处理，称为共沸分馏。

共沸蒸馏的装置是在蒸馏瓶和回流冷凝管之间加了一根分水器。

2.6.6 水蒸气蒸馏

水蒸气蒸馏操作是将水蒸气通入含有不溶或难溶于水但有一定挥发性的有机物质的混合物中，使该有机物在低于100℃的温度下随水蒸气一起蒸馏出来。

(1) 水蒸气蒸馏的应用范围和条件

水蒸气蒸馏适用于以下情况：

① 沸点较高，在常压下，蒸馏会发生分解或其他化学变化的高沸点有机物质的蒸馏(因而不宜用于普通蒸馏的化合物的分离和纯化)。

② 反应混合物中存在大量非挥发性的树脂状杂质或固体杂质，通常的蒸馏、过滤、萃取等方法都不适用，需从中分离出产物时。

③ 从反应混合物中除去挥发性的副产物或未反应完的原料。

④ 用其他分离纯化方法有一定操作困难的化合物的分离和纯化。

用水蒸气蒸馏分离纯化的化合物必须兼备下列条件：

① 不溶或难溶于水。

② 与沸水或水蒸气长时间共存不发生任何化学变化。

③ 在100℃附近有一定的蒸气压，一般不应低于667Pa，蒸馏时，若低于此值而又必须进行水蒸气蒸馏时，应使用过热水蒸气。

(2) 基本原理

两种互不相溶的液体混合物的蒸气压等于两液体单独存在时的蒸气压之和。当组成混合物的两液体的蒸气压之和等于大气压力时，混合物开始沸腾。互不相溶的液体混合物的沸点，要比每一物质单独存在时的沸点低。因此在含有不溶于水且有一定挥发性的有机物质的混合物中，通入水蒸气进行水蒸气蒸馏时，在低于该物质的沸点及水的沸点（100℃）的某一温度下可使该物质和水一起被蒸馏出来，从而使该物质与混合物分离。

在由完全不相溶的两种液体A和B所组成的混合物体系中，两种分子都可以逸出液面进入气相，其蒸气压行为符合道尔顿（Dalton）分压定律。

$$p_{总}=p_A+p_B$$

即体系的总蒸气压等于各组分蒸气分压之和。若在同一温度下，A独立存在时的蒸气压为p_A^0，B独立存在时的蒸气压为p_B^0，则$p_A=p_A^0$，$p_B=p_B^0$。即各组分的蒸气分压等于该组分独立存在时在同一温度下的蒸气压，则道尔顿分压定律的表达式为：

$$p_{总}=p_A^0+p_B^0$$

若对体系加热，随着温度的升高，p_A^0及p_B^0都会升高，$p_{总}$则会更快地升高。当$p_{总}$升至等于外界压力（通常为101325Pa）时，液体沸腾，这时p_A^0和p_B^0都还低于外界压力，所以沸腾时的温度既低于A的正常沸点，也低于B的正常沸点。

设A为沸点较高的有机液体，B为水。混合加热至$p_{总}=101325$Pa（即一个大气压）时，液体沸腾，此时的温度不但低于A的正常沸点，也低于水的正常沸点（100℃），这样就可以把沸点较高的A在低于100℃的温度下与水一起蒸出来。图2-13表示溴苯与水及溴苯-水混合物的蒸气压与温度的关系曲线。若将蒸出的混合蒸气冷凝收集，即为水蒸气蒸馏。

由气态方程可知：

$$pV=nRT$$

式中，n为气态物质的物质的量。它等于气态物质的质量W除以该物质的分子量M，

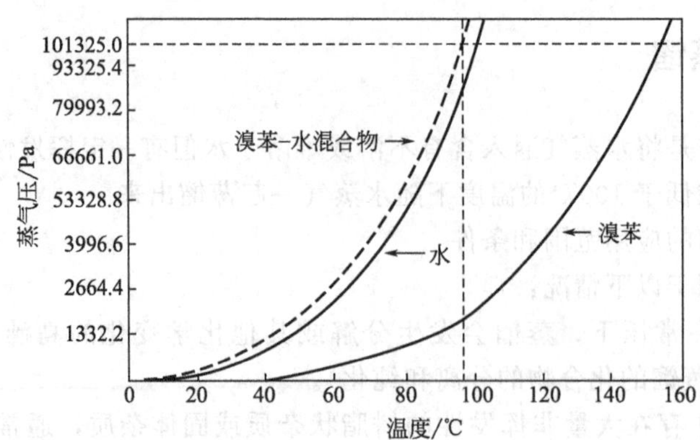

图 2-13 溴苯、水及溴苯-水混合物的蒸气压与温度关系曲线

即 $n=W/M$，代入气态方程并整理可得 $pVM=WRT$。在水蒸气蒸馏过程中，有机物 A 的蒸气和水蒸气具有相同的温度 T（混合体系的沸腾温度），并占有相同的体积 V（皆为水蒸气蒸馏装置的内部空间），所以：

$$p_A VM_A = W_A RT \tag{2-1}$$

$$p_{水} VM = W_{水} RT \tag{2-2}$$

式(2-2) 除以式(2-1) 得到：

$$\frac{p_{水} M_{水}}{p_A M_A} = \frac{W_{水}}{W_A} \tag{2-3}$$

$$W_{水} = \frac{p_{水} M_{水} W_A}{p_A M_A} \tag{2-4}$$

由式 (2-4) 可以计算出需要多少水才可将一定量的有机物质蒸出来。

［例］ 某混合物中含有溴苯 10g，对其进行水蒸气蒸馏时发现出料温度为 95.5℃，试计算至少需要多少水才能将溴苯完全蒸出。

［解］ 查表可知 95.5℃时，水的蒸气压 $p_{水}=86126\text{Pa}$，故溴苯的蒸气压 $p_A=101325\text{Pa}-86126\text{Pa}=15199\text{Pa}$。代入公式：

$$W_{水} = \frac{p_{水} M_{水} W_A}{p_A M_A} = \frac{86126 \times 18 \times 10}{15199 \times 157.02} = 6.5(\text{g})$$

由以上计算可知，在理论上只需 6.5g 水即可将 10g 溴苯完全蒸出。当然在实际上需要的水总多于理论值，这主要是因为在实际操作中是将水蒸气通入有机物中，水蒸气在尚未来得及与有机蒸气充分平衡的情况下即被蒸出。

以上所讨论的是当有机化合物 A 为液体时的情况。如果 A 为固体，只要它不溶于水且在 100℃左右可与水长期共存而不发生化学变化，则同样可进行水蒸气蒸馏，计算方法亦相同。

(3) 水蒸气蒸馏装置

水蒸气蒸馏装置由水蒸气发生器和蒸馏装置两部分组成，这两部分通过 T 形管相连接，如图 2-14 所示。

① 水蒸气发生器　水蒸气发生器有两种，一种是图 2-14 中的 A 装置。通常是用铜皮或薄铁板制成的圆筒状釜，釜顶开口，侧面装有一根竖直的玻璃管，玻璃管两端与釜体相连通，通过玻璃管可以观察釜内的水面高低，称为液面计。另一侧面有蒸气的出气管。釜顶开口中插入一支竖直的玻璃管 B，B 的下端插至接近釜底，称为安全管。根据安全管内水面的

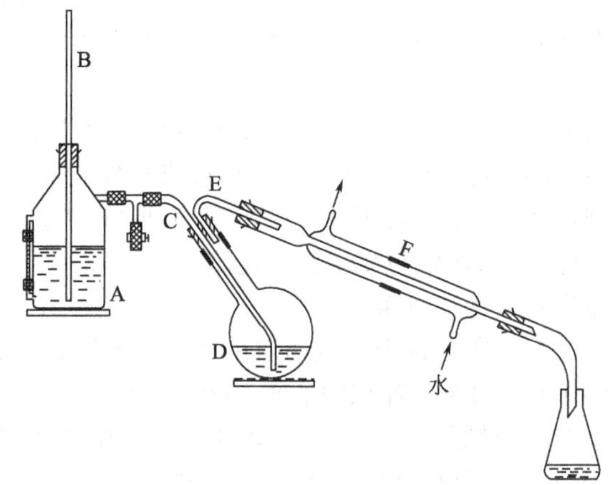

水蒸气蒸馏操作

图 2-14　水蒸气蒸馏装置

A—水蒸气发生器；B—安全管；C—水蒸气导管；
D—长颈圆底烧瓶；E—馏出液导管；F—冷凝管

升降情况，可以判断蒸馏装置是否堵塞。实验室内若无水蒸气发生器时，用 250mL 圆底烧瓶代替所组成的装置，即第二种水蒸气发生器，其安装见图 2-15。

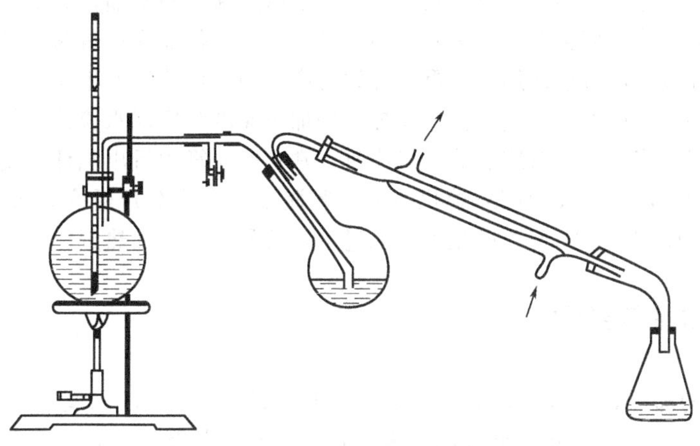

图 2-15　第二种水蒸气蒸馏装置

② T 形管　T 形管是直角三通管，在一直线上的两管口分别与水蒸气发生器和蒸馏装置连接，第三口向下安装。在安装时应注意使靠近蒸馏瓶的一端稍稍向上倾斜，而靠近水蒸气发生器的一端则稍稍向下倾斜，以便水蒸气在导气管中受冷而凝成的水能流回水蒸气发生器中而不是流入蒸馏瓶中，这样可以避免蒸馏瓶中积水过多。此外应注意使水蒸气的通路尽可能短一些，即导气管及连接的橡皮管尽可能短一些，以免水蒸气在进入蒸馏瓶之前过多地冷凝。T 形管向下的一端套有一段橡皮管，橡皮管上配以弹簧夹。打开弹簧夹即可放出在导气管中冷凝下来的积水。在蒸馏结束或需要中途停顿时打开弹簧夹可使系统内外压力平衡，以避免蒸馏瓶内的液体倒吸入水蒸气发生器中。

③ 蒸馏装置　蒸馏装置由蒸馏瓶、水蒸气导管、馏出液导管、直形冷凝管、尾接管和接收瓶组成。由于许多反应是在三口烧瓶中进行的，直接用三口烧瓶作为水蒸气蒸馏的蒸馏瓶就可避免转移的麻烦和产物的损失。水蒸气导管的作用在于防止蒸馏瓶中的液体因跳溅而冲入冷凝管。由于水蒸气蒸馏时混合蒸气的温度大多在 90～100℃之间，所以冷凝管总是用

直形的。接收瓶可以为锥形瓶或圆底烧瓶、平底烧瓶等。水蒸气导气管应插至蒸馏瓶接近瓶底处。在蒸馏瓶底下隔石棉网安装一盏备用的煤气灯，当蒸馏瓶中积液过多时可适当加热赶走一部分水。

比较经典的水蒸气蒸馏装置如图 2-15 所示，其蒸馏瓶一般为 500mL 的长颈圆底烧瓶。为了防止瓶中液体因跳溅而冲入冷凝管，故将瓶颈向水蒸气发生器（图中以圆底烧瓶代替）方向倾斜约 45°角。水蒸气导管较细，弯成约 125°角与 T 形管相连，下端接近蒸馏瓶底部。馏出液导管的管子较粗，弯成约 30°角与冷凝管相连。

（4）水蒸气蒸馏的操作要点和注意事项

水蒸气蒸馏的操作程序为：①在选定的蒸馏瓶中装入待蒸馏物，装入量不得超过其容积的 1/3。在水蒸气发生器中注入约 3/4 容积的清水。②按照前述装置图自下而上、从左到右依次装配各件仪器，各仪器的中轴线应在同一平面内。③打开 T 形管下弹簧夹，点燃水蒸气发生器下部煤气灯。④当 T 形管开口处有水蒸气冲出时，开启冷却水，夹上弹簧夹，水蒸气蒸馏即开始。⑤当蒸至馏出液澄清透明后再多蒸出约 10～20mL 水，即可结束蒸馏。结束蒸馏时应先打开弹簧夹，再移开热源。稍冷后关闭冷却水，取下接收瓶，然后按照与安装时相反的次序依次拆除各种仪器。⑥如果被蒸出的是所需要的产物，若为固体，可抽滤回收；若为液体，可用分液漏斗分离回收。

水蒸气蒸馏中应该注意的问题有：①要注意液面计和安全管中的水位变化。若水蒸气发生器中的水蒸发将尽，应暂停蒸馏，取下安全管，加水后重新开始蒸馏；若安全管中水位迅速上升，说明蒸馏装置的某一部位发生了堵塞，亦应暂停蒸馏，待疏通后重新开始蒸馏。②需暂停蒸馏时应先打开弹簧夹，再移开热源。重新开始时应先加热水蒸气发生器至水沸腾，当 T 形管开口处有水蒸气冲出时再夹上弹簧夹。③要控制好加热速度和冷却水流速，使蒸气在冷凝管中完全冷却下来。当蒸馏物为较高熔点的有机物时，常在冷凝管中析出固体。此时，应调小（甚至暂时关掉）冷却水，让蒸气使固体熔化流入接收瓶中。当重新开通冷却水时，要缓慢小心，防止冷凝管因骤冷而破裂。④若蒸馏瓶中积水过多，可隔石棉网加热赶出一些。

2.6.7 直接水蒸气蒸馏

如果被蒸馏物沸点较低（因而在 100℃左右有较高蒸气压），黏度不大，且不是细微的粉末，故只需少量水蒸气即可蒸出时，可采用直接水蒸气蒸馏法。直接水蒸气蒸馏的装置与简单蒸馏相同，只是需选用容积较大的蒸馏瓶。加入被蒸馏物后再充入约相当于蒸馏瓶容积 1/2 的水，加入沸石，安好装置即可加热蒸馏。直接水蒸气蒸馏装置及操作均较简单，但若被蒸馏物是细碎粉末时不宜用此法，因为在蒸馏过程中会产生大量泡沫，或者被蒸馏物的粉末会被直接冲入冷凝管中。

2.7 回流

2.7.1 回流原理

将液体加热汽化，同时将蒸气冷凝液化并使之流回原来的器皿中重新受热汽化，这样循环往复的汽化-液化过程称为回流。回流是有机化学实验中最基本的操作之一，大多数有机化学反应都是在回流条件下完成的。回流液本身可以是反应物，也可以是溶剂。当回流液为溶剂时，其作用在于将非均相反应变为均相反应，或为反应提供必要而恒定的温度，即回流液的沸点温度。此外，回流也应用于某些分离纯化实验中，如重结晶的溶样过程、连续萃取、分馏及某些干燥过程等。

2.7.2 回流的装置

回流装置见图 2-16。

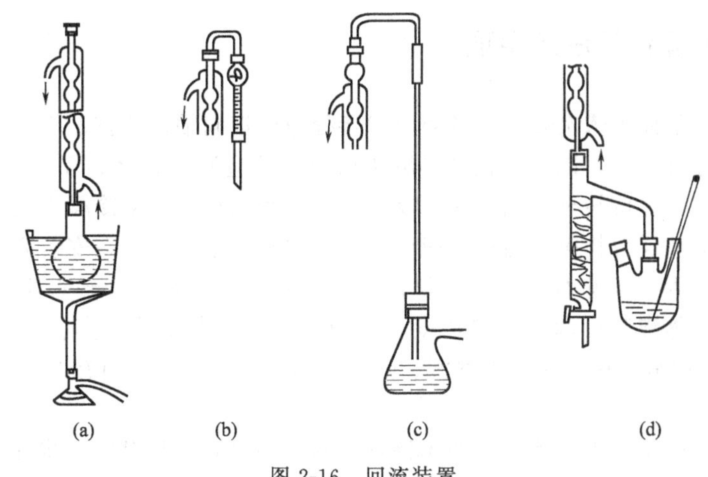

图 2-16 回流装置

(1) 基本的回流装置

回流的基本装置如图 2-16(a) 所示，由热源、热浴、烧瓶和回流冷凝管组成。烧瓶可为圆底瓶、平底瓶、锥形瓶、梨形瓶或尖底瓶。烧瓶的大小应使装入的回流液体积不超过其容积的 3/4，也不少于 1/4。冷凝管可依据回流液的沸点由高到低分别选择空气冷凝管、直形冷凝管、球形冷凝管、蛇形冷凝管或双水内冷冷凝管。由于在回流过程中蒸气的升腾方向与冷凝水的流向相同（即不符合“逆流”原则），所以冷却效果不如蒸馏时的冷却效果。为了能将蒸气完全冷凝下来，就需要提供较大的内外温差。所以空气冷凝管一般应用于 160℃以上；直形冷凝管应用于 100～160℃；球形冷凝管应用于 50～160℃；蛇形冷凝管应用于 50～100℃；更低的温度则使用双水内冷冷凝管。由于球形冷凝管适用的温度范围最广，所以通常把球形冷凝管叫作回流冷凝管。除了冷凝管的种类外，冷凝管的长度、水温、水速也都是决定冷凝效果的重要因素，所以应根据具体情况灵活选择。

常见的球形冷凝管有 4～9 个球，其中以 5 球冷凝管最为常用。使用时应使蒸气气雾的上升高度不超过两个球为宜。在使用其他类型的冷凝管时，应控制气雾的上升高度不超过其有效长度的 1/3。

(2) 复杂的回流装置

单纯的回流装置应用范围不大。大多数情况下都与其他装置组合使用。如果在回流的同时还需要测定反应混合物的温度，或需要向反应混合物中滴加物料，则应使用二口或三口烧瓶，将温度计或滴液漏斗安装在侧口上。如果需要防止空气中的水汽进入反应系统，则可在冷凝管的上口处安装干燥管，如图 2-16(b) 所示。干燥管的另一端用带毛细管的塞子塞住，既可保障反应系统与大气相通，又可减少空气与干燥剂的接触。干燥管应位于冷凝管的侧面，否则直接竖直地安装在冷凝管上口，干燥剂细碎颗粒可能透过阻隔的玻璃毛漏入烧瓶中。如果反应中生成水溶性的有害气体，需要导出并用水吸收，可在冷凝管口加装气体吸收装置，如图 2-16(c) 所示。如果反应中有水生成并需要不断地将生成的水移出反应区，则可在烧瓶与冷凝管之间加分水器，如图 2-16(d) 所示。如果在回流的同时需要搅拌，若用机械搅拌，则搅拌棒需安装在三口烧瓶的中口上。如果回流、机械搅拌、滴液、测温需同时进行，可使用四口瓶，或在三口瓶上加置 Y 形管。图 2-17 为较复杂的回流装置。

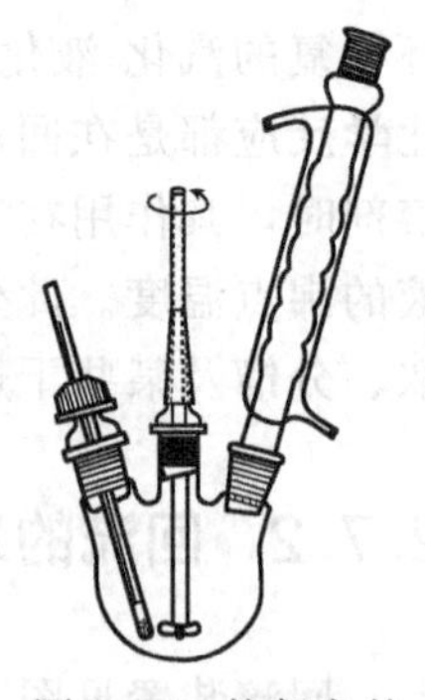

图 2-17 较复杂的回流装置

2.7.3 回流的操作及注意事项

回流装置应自下而上依次安装，各磨口对接处应连接同轴、严密、不漏气、不受侧向作用力，但一般不涂凡士林，以免其在受热熔化后流入反应瓶。如果确需涂凡士林或真空脂，应尽量少涂、涂匀，并旋转至透明均一。安装完毕可用三角漏斗从冷凝管上口或三口烧瓶侧口加入回流液。固体反应物应事前加入瓶中，如装置较复杂，也可在安装完毕后卸下侧口上的仪器，投料后投入几粒沸石，重新将仪器装好。开启冷却水（冷却水应自下而上流动），即可开始加热。液体沸腾后调节加热速度，控制气雾上升高度并使其在冷凝管有效长度的 1/3 处稳定下来。回流结束，先移去热源、热浴，待冷凝管中不再有冷凝液滴下时关闭冷却水，拆除装置。

当回流与搅拌联用时不加沸石。如无特别说明，一般应先开启搅拌装置，待搅拌棒转动平稳后再开启冷却水，开始加热。在结束时应先撤去热源、热浴，再停止搅拌，待不再有冷凝液滴下时关闭冷却水。

2.8 萃取

萃取是使溶质从一种溶剂中转移到与原溶剂不相溶混的另一种溶剂中，或使固体混合物中的某种或某几种成分转移到溶剂中的过程，也叫作提取。萃取是有机化学实验室中富集或纯化有机物的重要方法之一。以从固体或液体混合物中获得某种物质为目的的萃取常称为抽提，而以除去物质中的少量杂质为目的的萃取常称为洗涤。被萃取的物质可以是固体、液体或气体。依据被提取对象的状态不同有液-液萃取和液-固萃取，依据萃取所采用的方法的不同有分次萃取和连续萃取。

2.8.1 液-液萃取

液-液萃取是使溶质从一种溶剂中转移到另一种溶剂中的过程，也称为溶剂萃取，常用来分离液体混合物。

(1) 基本原理

在欲分离的液体混合物中，加入一种与其不溶或部分互溶的液体溶剂，形成两相系统，则液体混合物各组分在两相中的溶解度和分配系数不同，使易溶组分较多地进入溶剂相，从而实现混合物的分离。

设溶剂 A 和溶剂 B 互不相溶，而溶质 M 既可溶于 A，也可溶于 B，在 A 和 B 中的溶解度分别为 S_A 和 S_B。在两相 A、B 体系中加入溶质 M，达到平衡时，M 在 A 中的浓度为 c_A，在 B 中的浓度为 c_B。只要温度不变，c_A 和 c_B 的值都不因时间的推移而改变，因而 c_A 与 c_B 的比值为一个固定不变的值 K。K 被称为 M 在 A 和 B 中的分配系数。即 $K=\frac{c_A}{c_B}$。

继续向体系中加入溶质 M，则 c_A 和 c_B 都会增大，但其比值 K 基本不变。当加至 M 在 A 和 B 中都已达到饱和时，$c_A=S_A$，$c_B=S_B$，则有：

$$K=\frac{c_A}{c_B}=\frac{S_A}{S_B}$$

大量实验表明，c_A 与 c_B 的比值并不完全等于其溶解度的比值，但偏差甚小。上式被称为分配定律的表达式。

(2) 液-液萃取的分离效果

从理论上讲，有限次的液-液萃取不可能把溶剂 A 中的溶质全部转移到溶剂 B 中去。经萃取后仍留在原溶液中的溶质的量可通过下面的推导求出：

设 V_A 为原溶液的体积 (mL)，V_B 为萃取溶剂的体积 (mL)，W_0 为萃取前的溶质总量 (g)，W_1，W_2，…，W_n，分别为经过 1 次、2 次、…、n 次萃取后原溶液中剩余的溶质的量，则：

$$\frac{c_A}{c_B}=\frac{W_1/V_A}{\dfrac{W_0-W_1}{V_B}}=K,\ W_1=W_0\left(\frac{KV_A}{KV_A+V_B}\right)$$

同理：

$$W_2=W_1\left(\frac{KV_A}{KV_A+V_B}\right)=W_0\left(\frac{KV_A}{KV_A+V_B}\right)^2,\ W_n=W_0\left(\frac{KV_A}{KV_A+V_B}\right)^n$$

例如，在 15℃时，正丁酸在水和苯中的分配系数 $K=1/3$，如果每次用 100mL 苯来萃取 100mL 含 4g 正丁酸的水溶液，根据以上公式可知：经过 1 次、2 次、3 次、4 次、5 次萃取后，水溶液中剩余的正丁酸的量分别为：

$$W_1=4\times\left(\frac{\dfrac{1}{3}\times 100}{\dfrac{1}{3}\times 100+100}\right)=4\times\frac{1}{4}=1.0(\mathrm{g})$$

$$W_2=4\times\left(\frac{1}{4}\right)^2=0.250(\mathrm{g}),\ W_3=4\times\left(\frac{1}{4}\right)^3=0.0625(\mathrm{g})$$

$$W_4=4\times\left(\frac{1}{4}\right)^4=0.016(\mathrm{g}),\ W_5=4\times\left(\frac{1}{4}\right)^5=0.004(\mathrm{g})$$

如果将 100mL 苯分成三等份，每次用 1 份萃取上述正丁酸的水溶液，萃取 3 次以后水溶液中剩余正丁酸的量为：

$$W_3=4\times\left(\frac{\dfrac{1}{3}\times 100}{\dfrac{1}{3}\times 100+\dfrac{100}{3}}\right)^3=4\times\left(\frac{1}{2}\right)^3=0.5(\mathrm{g})$$

计算结果表明：

① 萃取次数取决于分配系数，一般情况下萃取 3～5 次就可以。如再增加萃取的次数，被萃取物的量增加不多，而溶剂的量则增加较多，回收溶剂既要费能源，又要费时间。

② 萃取效果的好坏与萃取方法关系很大。用同样体积的溶剂，分作多次萃取要比用全部溶剂萃取一次的效果好。但是当溶剂的总量保持不变时，萃取次数增加，每次所用溶剂的体积 V_B 必然要减小。每次所用溶剂的量太少，不仅操作增加了麻烦，浪费时间，而且被萃取物的量增加很小，同样也是得不偿失的。

(3) 理想的萃取溶剂

理想的萃取溶剂应该具备以下条件：①不与原溶剂混溶，也不成乳浊液；②不与溶质或原溶剂发生化学反应；③对溶质有尽可能大的溶解度；④沸点较低，易于回收；⑤不易燃，无腐蚀，无毒或毒性甚低；⑥价廉易得。

实际上完全满足这些条件的溶剂几乎不存在，只能择优选用。常用的有石油醚、氯仿、二氯乙烷、环己烷等，它们各有优缺点。

如果溶质在原溶剂中溶解度大而在萃取溶剂中溶解度小，则有限次的萃取难于得到满意的效果，这时可采用适当的装置，使萃取溶剂在使用后迅速蒸发再生，循环使用，称为连续萃取。

(4) 液-液萃取的操作方法

实验室中液-液萃取的仪器是分液漏斗。萃取时选用的分液漏斗的容积应为被萃取液体积 2～3 倍，使用前仔细检查其下部活塞是否配套，振摇时是否漏气渗液。检查完毕后小心涂上真空脂或凡士林，向一个方向转动活塞直至透明。分液漏斗顶部的塞子不涂凡士林，只要配套不漏气即可。

将分液漏斗架在铁圈上，关闭下部活塞，加被萃取溶液，再加进萃取剂，萃取剂一般为被萃取溶液体积的 1/3 左右，总体积不得超过分液漏斗容积的 3/4。塞上顶部塞子并稍加旋动，使塞子上的通气槽与漏斗颈部的小孔错开。取下分液漏斗，用右手手掌心顶紧漏斗上部的塞子，手指弯曲抓紧漏斗颈部，若漏斗很小，也可直接抓紧漏斗肩部。以左手托住漏斗下部将漏斗放平，使漏斗尾部靠近活塞处枕在左手虎口上，并以左手拇指、食指和中指控制漏斗的活塞，使可随需要转动，如图 2-18 所示。然后将左手抬高使漏斗尾部向上倾斜并指向无人的方向，小心旋开活塞“放气”一次，关闭活塞轻轻振摇后再“放气”一次，并重复操作。当使用低沸点溶剂，或用碳酸氢钠溶液萃取酸性溶液时，漏斗内部会产生很大的气压，及时放出这些气体尤其重要，否则，因漏斗内部压力过大，会使溶液从玻璃塞子渗出，甚至可能冲掉塞子，造成产物损失或摔坏塞子。特别严重时会造成事故。每次“放气”之后，要注意关好活塞，再重复振摇。振摇的目的是增加互不相溶的两相间的接触，使在短时间内达到分配平衡，以便提高萃取效率。因此振摇应该剧烈（对于易汽化的溶剂，开始振摇时可以稍缓和些）。振摇结束时，打开活塞做最后一次“放气”，然后将漏斗重新放回铁圈上去。旋转顶部塞子，使出气槽对准小孔，静置分层。分层后，若有机层在下层，打开活塞将其放入干燥的锥形瓶中（应少放出半滴），而上

分液漏斗的使用

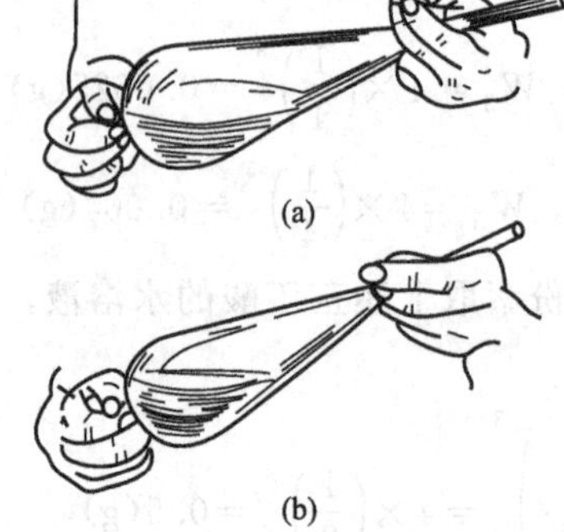

图 2-18　分液漏斗的握持方法

层的水层则应从漏斗的上口倒出；如果有机层在上层，打开活塞缓慢放出水层（可多放出半滴），从上口将有机溶液倒入干燥的锥形瓶中。如果下层放得太快，漏斗壁上附着的一层下层液膜来不及随下层分出。所以应在下层将要放完时，关闭活塞静置几分钟，然后再重新打开活塞分液，特别是最后一次萃取更应如此。萃取结束后，将所有的有机溶液合并，加入适当的干燥剂干燥，然后蒸馏除去溶剂；萃取所得到的有机化合物可根据其性质利用其他方法再进一步纯化。

一般情况下，液层分离时密度大的溶剂在下层，有关溶剂密度的知识可用来鉴定液层。但也有例外，因为溶质的性质及浓度可能使两种溶剂的相对密度颠倒过来，所以要特别留心。为保险起见，最好将分离的两液层都保留，直至对每一液层确认无误为止。

如遇到两液层分辨不清时，可在任一层中取小量液体加入水。若不分层则说明取液的一层为水层，否则为有机层。

在萃取操作中，有时会遇到水层与有机层难分层的现象（特别是当被萃取液呈碱性时，常常出现乳化现象，难分层）。可采取相应的措施：

① 若萃取溶剂与水层的密度较接近时，会发生难分层的现象。加入一些溶于水的无机盐，增大水层的密度，即可迅速分层。此外，用无机盐（通常用氯化钠）使水溶液饱和后，能显著降低有机物在水中的溶解度，明显提高萃取效果。这就是“盐析作用”。

② 若因萃取溶剂与水部分互溶而产生乳化，静置较长时间可以分层。

③ 若存在少量轻质固体聚集在两相交界面处使分层不明显时，将混合物过滤即可。

④ 若因被萃取液呈碱性而产生乳化，加入少量稀硫酸，并轻轻振摇常能使乳浊液分层。

⑤ 若被萃取液中含有表面活性剂而造成乳化时，只要条件允许，即可用改变溶液 pH 的方法来使之分层。

此外，还可根据不同情况，采用加入醇类化合物改变其表面张力、加热破坏乳化等方法处理。

2.8.2 液-固萃取

液-固萃取的原理与液-液萃取相似，通常有分次萃取、连续萃取和热萃取等。

(1) 分次萃取

分次萃取是用溶剂一次次地将固体物质中的某个或某几个成分萃取出来。直接将固体物质加于溶剂中浸泡一段时间，滤出固体后再用新鲜溶剂浸泡，如此重复操作直到基本萃取完全后合并所得溶液，蒸馏回收溶剂，再用其他方法分离纯化。这种方法很像民间“泡药酒”的方法，由于需用溶剂量大，费时长，萃取效率不高，实验室中较少使用。热溶剂分次萃取效率较高，可采用回流装置，将被萃取固体放在圆底烧瓶中，加入萃取剂，加热回流一段时间，用倾泻法或过滤法分出溶液，再加入新鲜溶剂进行下一次的萃取。

(2) 连续萃取

在实验室里，液-固连续萃取通常是在 Soxhlet 提取器（索氏提取器，也叫脂肪提取器）中进行，如图 2-19 所示。它利用溶剂回流及虹吸原理，使固体物质每次都能为纯的溶剂所浸润，因而萃取效率较高。

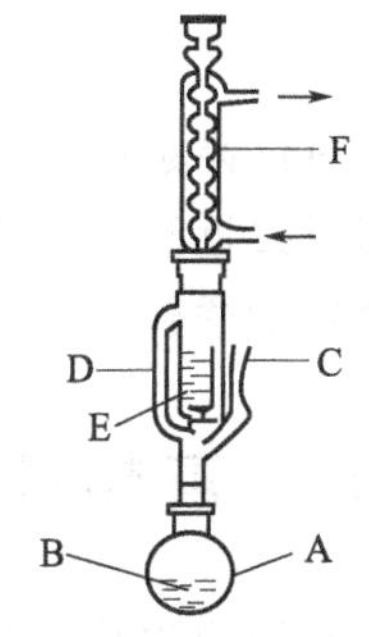

图 2-19 Soxhlet 提取器
A—烧瓶；B—萃取溶剂；C—虹吸管；D—侧管；E—被萃取物；F—冷凝管

萃取前先将固体物质研细，装进一端用线扎好的滤纸筒里，轻轻压紧再盖上一层直径略小于纸筒的滤纸片，以防止固体粉末漏出堵塞虹吸管。滤纸筒上口向内叠成凹形，滤纸筒的直径应略小于萃取器的内径以便于取放。筒中所装的固体物质的高度应低于虹吸管的最高点，使萃取剂能充分浸润被萃取物质。

将装好了被萃取固体的滤纸筒放进萃取器中，萃取器的下端与盛有溶剂的圆底（或平底）烧瓶相连，上端接回流冷凝管。加热烧瓶使溶剂沸腾，蒸气沿侧管上升进入冷凝管，被冷凝下来的溶剂不断地滴入滤纸筒的凹形位置。当萃取器内溶剂的液面超过虹吸管的最高点时，因虹吸作用萃取液自动流入圆底烧瓶中并再度被蒸发。如此循环往复，被萃取的成分就会不断地被萃取出来，并在圆底烧瓶中浓缩和富集。然后用其他方法分离纯化。

(3) 热萃取

热萃取是一种保温的固-液萃取。有些被萃取的物质在萃取剂中的溶解度随温度变化的幅度很大，即在室温下溶解度甚小，而在接近溶剂沸点时溶解度很大，因而提高萃取剂的温度会显著提高萃取效率。热萃取的装置结构类似于索氏提取器，只是带有保温夹套。被萃取固体装在内管中，萃取剂在圆底烧瓶中受热汽化并沿夹套升腾，对内管加热，冷凝下来的液滴滴入内管，在较高温度下对固体进行连续萃取。当内管中的液面升高超过虹吸管顶端时即从虹吸管流回圆底烧瓶中。

2.8.3 化学萃取

化学萃取利用萃取剂与被萃取物发生化学反应而达到分离目的。化学萃取常用的溶剂为5%～10%氢氧化钠、碳酸钠、碳酸氢钠水溶液或稀盐酸、稀硫酸及浓硫酸等。碱性萃取剂可以从有机相中移出有机酸，或从有机化合物中除去酸性杂质（使酸性杂质形成钠盐而溶于水中）。稀盐酸及稀硫酸可以从混合物中萃取出有机碱或除去碱性杂质。浓硫酸可以从饱和烃中除去不饱和烃或从卤代烷中除去醇、醚等杂质。化学萃取的操作方法与液-液分次萃取相同。

2.9 重结晶

重结晶是提纯固体化合物的一种重要方法，用适当的溶剂把含有杂质的晶体物质溶解，配制成接近沸腾的浓热溶液，趁热滤去不溶性杂质，使滤液冷却析出结晶，滤集晶体并做干燥处理的联合操作过程叫作重结晶（recrystallization）或再结晶，有时也简称结晶。

2.9.1 基本原理

在恒定温度下向一定量的溶剂中加入溶质，随着溶质的不断溶解，溶液的浓度不断增大。当溶解的溶质达到一定数量时，继续加入溶质就不能再溶解，这种现象称为饱和。处于饱和状态的溶液称为饱和溶液。用100g溶剂制成的饱和溶液中所含的溶质的质量叫作该溶质在该溶剂中的溶解度。溶解度的大小主要由溶质、溶剂和温度所决定，气体的溶解度还和外界压力相关。此外，如果有共存杂质的话，杂质也会不同程度地影响溶解度。

绝大多数固体物质的溶解度都随温度的升高而增大。升高温度时，溶解度增大；降低温度时，溶质会部分析出。利用这一性质，使化合物在较高温度下溶解，在低温下结晶析出。由于产物和杂质在溶剂中的溶解度不同，所以可以通过过滤将杂质去除，达到分离和提纯的目的。

2.9.2 溶剂的选择

溶剂的溶解性能是十分关键的，对杂质溶解度大，而对被提纯物在高温下溶解度大、在低温下溶解度小的溶剂是比较理想的。在杂质含量很少的情况下，无论被提纯物与杂质谁的溶解度大，都可以得到较好结果；反之，若杂质含量过大，要么得不到纯品，要么因损失过大而得不偿失。

若固体中所含杂质为树脂状，在趁热过滤时会堵塞滤纸孔，增加过滤的困难，已过滤的也会干扰晶体的生长。所以必须在热过滤之前加入适当的吸附剂将其吸附除去。

理想的溶剂应具备下列条件：

① 不与被提纯物质发生化学反应。

② 对被提纯物质在高温时溶解度大，低温时溶解度小。

③ 对杂质溶解度很大，使杂质留在母液中，不随晶体一同析出；或对杂质溶解度极小，难溶于热溶剂中，使杂质在热过滤时除去。

④ 溶剂沸点不宜太高，容易挥发，易与晶体分离。

⑤ 结晶的回收率高，能形成较好的晶体。

⑥ 价廉易得。

在几种溶剂同样都适宜时，还应根据溶剂毒性大小、操作的安全、回收的难易等来选择。在实际工作中，完全符合这些条件的溶剂很不容易选到，只要其中的主要条件符合要求就可以。如果被提纯固体是已知化合物，往往已经指定或可从相关文献中查找到可能适宜的溶剂。如果被提纯固体是未知化合物，则可根据“相似相溶”的经验规律推导出可能适宜的溶剂。溶剂的最后选择只能靠实验方法（参见重结晶实验）来确定。表 2-9 列出了一些常用的溶剂。

表 2-9 重结晶常用的单一溶剂

溶剂	沸点/℃	溶剂	沸点/℃	溶剂	沸点/℃
水	100	乙醚	34.51	四氯化碳	76.54
甲醇	64.96	石油醚	30～60	丙酮	56.2
95%乙醇	78.1	乙酸乙酯	77.06	氯仿	61.7
冰乙酸	117.9	苯	80.1		

如选不到合适的单一溶剂，可使用混合溶剂。混合溶剂通常由两种互溶的溶剂组成，其中一种对被提纯物溶解度很大，称为良溶剂；而另一种对被提纯物难溶或几乎不溶，称为不良溶剂。常用的混合溶剂列于表 2-10。单一溶剂使用后较易回收，所以只要单一溶剂可以满足基本要求就不需要使用混合溶剂。

表 2-10 常用混合溶剂

含水混合溶剂	水-乙醇、水-甲醇、水-乙酸、水-丙酮、水-二氧六环
含乙醇混合溶剂	乙醇-乙醚、乙醇-丙酮、乙醇-氯仿、乙醇-石油醚、无水乙醇-苯
含石油醚混合溶剂	石油醚-苯、石油醚-丙酮、石油醚-乙醚

2.9.3 重结晶的操作方法

重结晶是纯化晶态物质的普适、最常用的方法之一。当晶态物质数量巨大时，重结晶实际上是唯一的纯化方法。重结晶的操作步骤如下：

(1) 溶剂的选择

① 单一溶剂的选择　取 0.1g 样品置于干净的小试管中，用滴管逐滴滴加某一溶剂，并不断振摇，当加入溶剂的量达 1mL 时，可在水浴上加热，观察溶解情况，若该物质（0.1g）在 1mL 冷的或温热的溶剂中很快全部溶解，则说明溶解度太大，此溶剂不适用。如果该物质不溶于 1mL 沸腾的溶剂中，则可逐步添加溶剂，每次约 0.5mL，加热至沸，若添加溶剂量达 4mL，而样品仍然不能全部溶解，则说明溶剂对该物质的溶解度太小，必须寻找其他溶剂。如该物质能溶于 1～4mL 沸腾的溶剂中，冷却后观察结晶析出情况。若没有结晶析出，可用玻璃棒擦刮管壁或者辅以冰盐浴冷却，促使结晶析出；若晶体仍然不能析出，则此溶剂也不适用；若有结晶析出，还要注意结晶析出量的多少，并要测定熔点，以确定结晶的纯度。最后综合几种溶剂的实验数据，确定一种比较适宜的溶剂。这只是一般的方法，实际情况往往复杂得多，选择一种合适的溶剂需要进行多次实验。

② 混合溶剂的选择

a. 固定配比法　将良溶剂与不良溶剂按各种不同的比例相混合，分别像单一溶剂那样试验，直至选到一种最佳的配比。

b. 随机配比法　先将样品溶于沸腾的良溶剂中，趁热过滤除去不溶性杂质，然后逐滴滴入热的不良溶剂并摇振之，直至浑浊不再消失为止。再加入少量良溶剂并加热使之溶解变清，放置冷却使结晶析出。如冷却后析出油状物，则需调整比例再进行实验或另换别的混合溶剂。

(2) 溶样

溶样亦称热溶或配制热溶液。溶样的装置因所用溶剂不同而不同。

用有机溶剂进行重结晶时，使用回流装置。将样品置于圆底烧瓶或锥形瓶中，加入比需要量略少的溶剂，投入几粒沸石，开启冷凝水，开始加热并观察样品溶解情况。沸腾后用滴管自冷凝管顶端分次补加溶剂，直至样品全溶。此时若溶液澄清透明，无不溶性杂质，即可撤去热源，室温放置，使晶体析出；若有不溶性杂质，则补加 20%溶剂，继续加热至沸后，进行热过滤；若溶液中含有有色杂质或树脂状物质，则需补加 20%溶剂，并进行脱色。

在以水为溶剂进行重结晶时，可以用烧杯溶样，以石棉网加热，其他操作同前，只是需估计并补加因蒸发而损失的水。如果所用溶剂是水与有机溶剂的混合溶剂，则按照有机溶剂处理。

在溶样过程中应注意以下问题：

① 若溶剂的沸点高于样品的熔点，则一般不可加热至沸，而应使样品在其熔点温度以下溶解，否则也会析出油状物。当以水为溶剂时，虽然样品的熔点高于 100℃，有时也会在

溶样过程中出现油状物，这是由于样品与杂质形成了低共熔物，只需继续加水即可溶解。

② 溶剂的用量应适当，如不需要热过滤，则溶剂的用量以恰能溶完为宜。如需要热过滤，则应使溶剂适当过量。过量的目的在于避免在热过滤过程中因溶液冷却、溶剂挥发、滤纸吸附等因素造成晶体在滤纸上或漏斗颈中析出。过量多少视具体情况而定。如果样品在该溶剂中很易析出，则应过量多一些；如果样品在该溶剂中析出甚慢，则只需稍微过量即可。不知晶体是否易于析出时，则一般过量20%左右。

③ 在实际操作中究竟是样品尚未溶完，还是含有不溶性杂质往往难于判断。发生此情况时可先将热溶液过滤，再收集滤渣加溶剂热溶，然后再次热过滤。将两份滤液分别放置冷却，观察后一份滤液中是否有晶体析出。如析出晶体，则说明原来溶样时溶剂用量不足或需要更长时间才能溶完；如不析出晶体，则说明样品中含有较多不溶性杂质。

(3) 脱色

向溶液中加入吸附剂并适当煮沸，使其吸附掉样品中的杂质的过程叫脱色。

① 基本原理与脱色剂的选择　脱色就是用吸附的方法除去化合物样品中的杂质。样品和适当溶剂配制成热溶液，加入吸附剂（脱色剂），煮沸片刻，杂质即被吸附剂吸附。趁热过滤，被吸附的杂质即与吸附剂一起留在滤纸上而与样品分离。由于吸附作用是在溶液中进行的，则吸附剂对于溶质、溶剂及其中的杂质都有吸附作用。哪一种吸附占优势则取决于吸附剂的种类和被吸附物的性质。一般说来，极性吸附剂倾向于吸附极性物质，而非极性吸附剂则倾向于吸附非极性或弱极性的物质。当溶剂为水、醇等极性液体时，以活性炭为脱色剂效果良好。因为活性炭是非极性吸附剂，它对于极性的溶剂吸附作用甚弱，而样品和杂质的极性一般都小于水的极性，所以可受到较强的吸附，当杂质为有色物质或树脂状物质时效果更佳。因为树脂状物质具有很大的表面积，它本身也可吸附其他物质，其吸附原理与活性炭相似，所以可被活性炭牢牢吸附。而有色物质的生色团往往是多共轭的长链，在溶液中舒展开来也具有很大表面积，易被吸附。但当溶剂为石油醚、环已烷等非极性液体时，活性炭的脱色效果就不理想，因为这时活性炭的表面会吸附大量溶剂分子而近于饱和，对样品及杂质的吸附能力大大下降。在这种情况下应改用强极性吸附剂，如氧化铝、硅胶等进行脱色。强极性吸附剂将不吸附或很少吸附非极性的溶剂分子，而对于弱极性的溶质和杂质分子仍具有较大吸附力，故常可收到较满意的效果。总之，脱色剂的选择应使其对溶剂的吸附作用尽可能小，而对杂质的吸附作用尽可能大。

最常使用的脱色剂是活性炭，其用量视杂质多少而定，一般为粗样品重量的1%～5%。如果一次脱色不彻底，可再进行第二次脱色，但不宜过多使用，以免样品过多损耗。

② 脱色的操作　脱色剂应在样品溶液稍冷后加入。不允许将脱色剂加到正在沸腾的溶液中去，否则将会引起暴沸甚至造成起火燃烧。

脱色剂加入后可煮沸数分钟，同时将烧瓶连同铁架台一起轻轻摇动，如果是在烧杯中用水作溶剂时可用玻璃棒搅拌，以使脱色剂迅速分散开。煮沸时间过长往往脱色效果反而不好，因为在脱色剂表面存在着溶质、溶剂和杂质的吸附竞争，溶剂虽然在竞争中处于不利地位，但其数量巨大，过久的煮沸会使较多的溶剂分子被吸附，从而使脱色剂对杂质的吸附能力下降。

(4) 热过滤

热过滤即趁热过滤以除去不溶性杂质、脱色剂及吸附于脱色剂上的其他杂质。热过滤的方法有两种，即常压过滤和减压过滤。

① 常压过滤　常压过滤也称重力过滤，采用短颈（或无颈）三角漏斗以避免或减少晶

体在漏斗颈中析出，同时采用折叠滤纸（亦称伞形滤纸）以加快过滤速度。

滤纸的折法如图 2-20 所示。圆形滤纸对折成半圆形，再对折成 90°的扇形，继续向内对折把半圆分成 8 等份，最后在 8 个等份的各小格中间向相反方向对折，即得 16 等份的折扇形排列［图 2-20(e)］。将其打开，外形如图 2-20(f)所示，再在 1 和 2 两处各向内对折一次，展开后如图 2-20(g)所示。

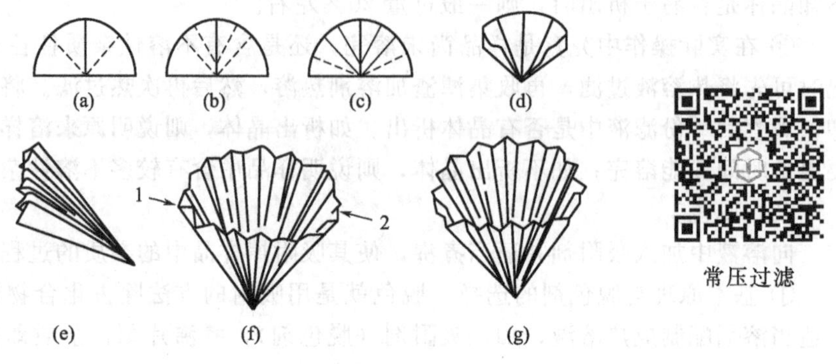

图 2-20 折叠滤纸的方法

热过滤的关键是要保证溶液在较高温度下通过滤纸。为此，在过滤前应把漏斗放在烘箱中预热，待过滤时才取出放在铁圈或盛装滤液的锥形瓶口上，迅速放入伞形滤纸，伞形滤纸的上沿应低于漏斗口，并使其棱边紧贴漏斗壁，以少许热溶剂润湿滤纸，倒入热溶液后应迅速盖上表面皿，以减少溶剂挥发。如果热溶液较多，一次不能完全倒入漏斗，则剩余的部分应继续加热保温。

过滤时若操作合适，在滤纸上仅有少量结晶析出。若漏斗未预热或虽已预热，但操作过慢，则往往有较多结晶在滤纸上析出，这时必须仔细地将滤纸和结晶一起放回原来的瓶中，加入适量的溶剂重新溶解，再进行热过滤。对极易析出结晶的溶液，或过滤的液量较多，最好使用保温漏斗过滤。

保温漏斗如图 2-21 所示。其中图 2-21(a) 最为常见，它是一个用铜皮制作的双层漏斗。使用时在夹层中注入水，安放在铁圈上，将玻璃三角漏斗连同伞形滤纸放入其中，在支管端部加热，至水沸腾后过滤，在热过滤过程中漏斗和滤纸始终保持在近 100℃的温度中。

② 减压过滤　减压过滤也称抽滤、吸滤或真空过滤，其装置由布氏漏斗、吸滤瓶、安全瓶及水泵组成，如图 2-22 所示。减压过滤的最大优点是过滤速度快，结晶一般不易在漏斗中析出，操作亦较简便。其缺点是滤下的热滤液在减压条件下易沸腾，可能从抽气管中抽走，使结晶在滤瓶中析出；如果操作不当，活性炭或悬浮的不溶性杂质微粒也可能从滤纸边缘通过而进入滤液。

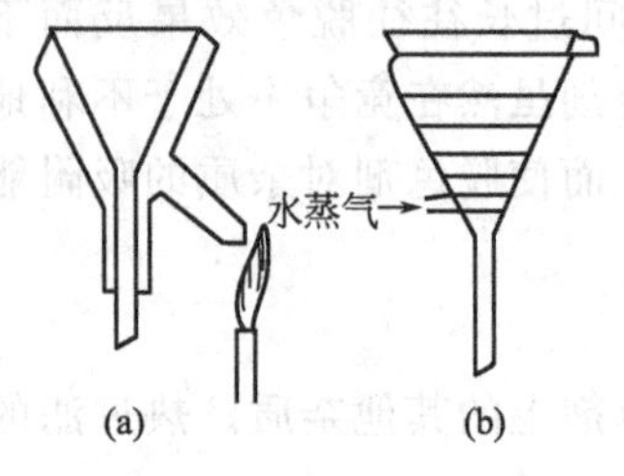

图 2-21 保温漏斗

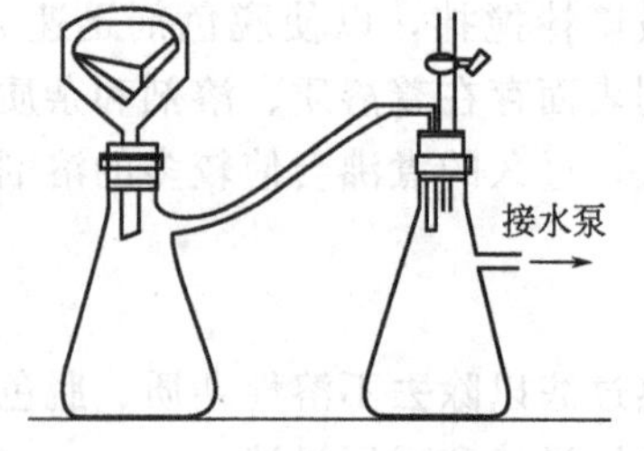

图 2-22 减压过滤装置

减压过滤

减压过滤所用滤纸以应略小于布氏漏斗的底面，但以能完全遮盖滤孔为宜。布氏漏斗在使用之前应在烘箱中预热（预热时应将橡胶塞取下），如果以水为溶剂，也可将布氏漏斗置于沸水中预热。为了防止活性炭等固体从滤纸边吸入吸滤瓶中，在溶液倾入漏斗前必须使滤纸在漏斗中贴紧。当溶剂为水或其他极性溶剂时，只要以同种溶剂将滤纸润湿，适当抽气，即可使滤纸贴紧；但在使用非极性溶剂时，滤纸往往不易贴紧，在这种情况下可用少量水先将滤纸润湿，抽气使贴紧后，再用溶样的那种溶剂洗去滤纸上的水分，然后倒入溶液抽滤。在抽滤过程中，应保持漏斗中有较多的溶液，待全部溶液倒完后才抽干，否则，吸附有树脂状物质的活性炭可能会在滤纸上结成紧密的饼块阻碍液体透过滤纸。同时，压力亦不可抽得过低，以防溶剂沸腾抽走，或将滤纸抽破使活性炭漏下混入滤液中。如果由于操作不慎而使活性炭透过漏纸进入滤液，则最后得到的晶体会呈灰色，这时需重新热溶过滤。

（5）冷却结晶

将热滤液冷却，溶解度减小，溶质即可部分析出。此步的关键是控制冷却速度，使溶质真正成为晶体析出并长到适当大小，而不是以油状物或沉淀的形式析出。

如果析出时的温度高于溶质的熔点，则析出物呈油状。这些油状物在进一步降低温度时会固化而形成无定形固体。如果析出时的温度低于溶质的熔点，则会直接析出固体。析出固体有两种形式：若固体析出较慢，首先析出的数目较少的固体微粒形成晶种，它们在过饱和的溶液中有选择地吸收合适的分子或离子并将其安排到晶格的适当位置上去，从而使自己一层层地“长大”，最后得到的晶体具有较大的粒度和较高的纯度，这样的过程称为结晶。如果固体析出甚快，在很短时间内形成数目巨大的固体微粒，这些微粒来不及选择分子和定位排列，也长不大，这样的过程称为沉淀。沉淀出来的固体物质纯度较低，且由于粒度小，总表面积大，吸附的溶剂较多。而溶剂中又往往溶解其他杂质，当溶剂挥发后，其中的杂质也就留在沉淀表面。

一般而言，若将滤液迅速冷却并剧烈搅拌，则所析出的晶体很细，总表面积大，因而表面上吸附或黏附的母液总量也较多。若将滤液静置并缓缓降温，得到的晶体较大，但也不是越大越好，因为过大的晶体中包夹母液的可能性也大。通常控制冷却速度使晶体在数十分钟至数十小时内析出，而不是在数分钟或数周内析出，析出的晶粒大小在 1.5mm 左右为宜。为此，可将热滤液室温下静置缓缓冷却，或置于热水浴中随同热水一起缓缓冷却。

显然，溶质以油状或以沉淀状析出都将是不纯的，只有以结晶形式析出才较纯净。

杂质的存在会影响化合物晶核的形成和结晶的生长。所以有时溶液虽已达到过饱和状态，仍不析出结晶，这时可用玻璃棒摩擦器壁或投入晶种（即同种溶质的结晶），帮助形成晶核。若没有晶种，也可用玻璃棒蘸一点溶液，让溶剂挥发得到少量结晶，再将该玻璃棒伸入溶液中搅拌，该晶体即作为晶种，使结晶析出。在冰箱中放置较长时间，也可使结晶析出。

有时从溶液中析出的不是结晶而是油状物。这种油状物长期静置或足够冷却也可以固化，但含有较多的杂质，产物纯度不高。处理的方法是：①增加溶剂，使溶液适当稀释，但这样会使结晶收率降低。②慢慢冷却，及时加入晶种。③将析出油状物的溶液加热重新溶解，然后让其慢慢冷却，当刚刚有油状物析出时便剧烈搅拌，使油状物在均匀分散状况下固化。④最好改换其他溶剂。

（6）滤集晶体

要把结晶从母液中分离出来，一般采用布氏漏斗或砂芯漏斗进行抽滤。抽滤前，用少量溶剂润湿滤纸、吸紧，将容器内的晶体连同母液倒入布氏漏斗中，用少量的滤液洗出黏附在容器壁上的结晶。用不锈钢铲或玻璃塞

沉淀的洗涤

把结晶压紧，使母液尽量抽尽，然后打开安全瓶上的活塞（或拔掉吸滤瓶上的橡皮管），关闭水泵。

为了除去晶体表面的母液，可用少量的新鲜溶剂洗涤。洗涤时应首先打开安全瓶上活塞，解除真空，再加入洗涤溶剂，用刮刀或玻璃棒将晶体小心地挑松（注意！不要将滤纸弄破或松动），使全部晶体浸润，然后再抽干。一般洗涤1～2次即可。如果所用溶剂沸点较高，挥发性太小，不易干燥，则可选用合适的低沸点溶剂将原来的溶剂洗去，以利于干燥。

将抽滤后的母液适当浓缩后冷却，还可得到一部分纯度较低的晶体，进一步纯化后即可使用。

（7）晶体的干燥

重结晶后的产物必须充分干燥，以除去吸附在晶体表面的少量溶剂。应根据所用溶剂及晶体的性质来选择干燥的方法。不易吸潮的产物，可放在表面皿上，盖上一层滤纸在室温放置数天，让溶剂自然挥发（即空气晾干），也可用红外灯烘干。对那些数量较大或易吸潮、易分解的产物，可放在真空恒温干燥箱中干燥。

（8）测定熔点

将干燥好的晶体准确测定熔点，以决定是否需要再做进一步的重结晶。

2.10 升华

升华是纯化固态物质的方法之一，但由于升华要求被提纯物在其熔点温度下具有较高的蒸气压，故仅适用于一部分固体物质，而不是纯化固体物质的通用方法。

升华是指固态物质不经过液态直接转变为气态，或气态物质不经过液态直接转变为固态的物态变化过程。严格地讲，升华是指固态物质在其蒸气压力等于外界压力的条件下不经液态直接转变为气态或气态物质在其蒸气压力与外界压力相等的条件下不经液态而直接转变为固态的物态转变过程。当外界压力为101325Pa时称为常压升华，低于该数值时称为减压升华或真空升华。

2.10.1 适用范围

升华的适用范围：①被提纯的固体化合物具有较高的蒸气压，在低熔点时，就可以产生足够的蒸气，使固体不经过熔融状态直接变为气体；②固体化合物中杂质的蒸气压较低，以利于分离。

2.10.2 基本原理

升华是利用固体混合物的蒸气压或挥发度不同，将不纯净的固体化合物在熔点温度下加热，利用产物蒸气压高、杂质蒸气压低的特点，使产物不经液体过程而直接气化，遇冷后固化，而杂质则不发生这个过程，达到分离固体混合物的目的。

图 2-23 是物质的三相平衡曲线示意图。图中分为三个区域。每个区域代表物质的一相。由曲线上的点可以读出两相平衡时的蒸气压。例如，*ST* 表示固相与气相平衡时的蒸气压曲线；*TL* 表示液相与气相平衡时的蒸气压曲线；*TV* 表示固相与液相平衡时的蒸气压曲线。*T* 为交点，即物质的三相点。在此状态下，物质的气、液、固三相共存。由图中可知，在三相点以下物质处于气、固两相的状态，因此，升华都在三相点温度以下进行，即在固体的熔点以下进行。

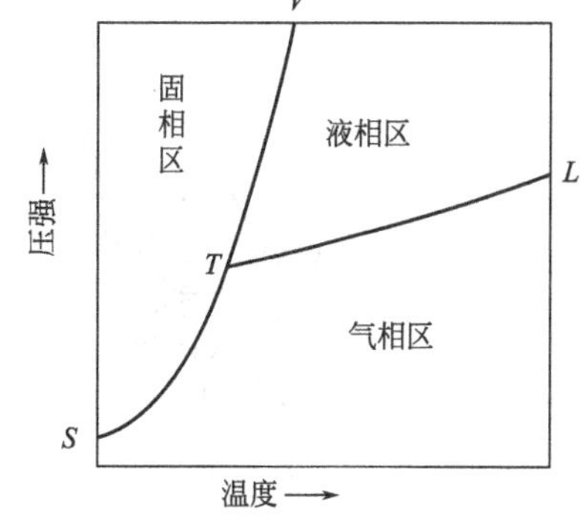

图 2-23　物质三相平衡曲线示意图

一种晶体是否可以常压升华或减压升华，可以从它在三相点处的蒸气压高低来判断，但化合物的三相点是很难测准的。由于三相点与熔点仅相差几十分之一摄氏度，而化合物的熔点很容易从手册中查到，所以人们往往根据其熔点时的蒸气压高低来粗略地判断其可否升华。表 2-11 列出了若干种代表性化合物以供参考。

需要说明的是，像碘、萘这样的晶体物质在室温下也会慢慢地散发出蒸气，其蒸气在遇到冷的表面时会在上面重新结成固体，这种现象严格说来仅仅是固体的蒸发而不是升华，因为这时它的蒸气压并不等于外界压力。刚洗过的衣服挂在低于 0℃ 的空气中，虽然很快就冻硬了，但仍会慢慢变干，也是由于冰的蒸发而不是升华。

表 2-11　一些晶体的熔点及熔点时的蒸气压

晶体物质	熔点/℃	熔点时的蒸气压/Pa	升华情况
二氧化碳 全氟环己烷 六氯乙烷	−57 59 186	516756(5.1atm) 126656 103991	易于常压升华
樟脑 碘	179 114	49329 11999	易于减压升华
萘 苯甲酸	80.22 122	933 800	可以减压升华
对硝基苯甲醛	106	1.2	不能升华

注：1atm=101325Pa。

2.10.3　升华的装置

图 2-24 是几种用沙浴加热的常压升华装置。其中图 2-24(a) 是在铜锅中装入沙子，装有被升华物的蒸发皿放在沙子中，皿底沙层厚约 1～2cm，将一张穿有许多小孔的圆滤纸平罩在蒸发皿中，距皿底约 2～3cm，滤纸上倒扣一个大小合适的玻璃三角漏斗，漏斗颈上用一小团脱脂棉松松塞住。温度计的水银泡应插到距锅底约 1.5cm 处并尽量靠近蒸发皿底部。加热铜锅，慢慢升温，被升华物气化，蒸气穿过滤纸在滤纸上方或漏斗内壁结出。图 2-24 (b)、(c) 所示的装置不能插温度计，因而需十分小心地缓慢加热，密切注视蒸气上升和结晶情况，勿使被升华物熔融或烧焦。

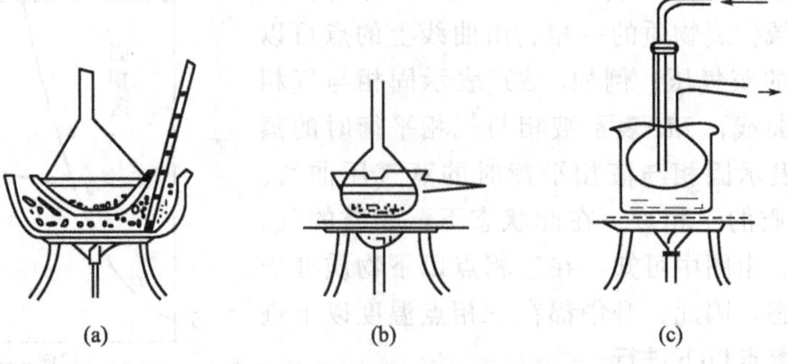

图 2-24 几种常压升华装置

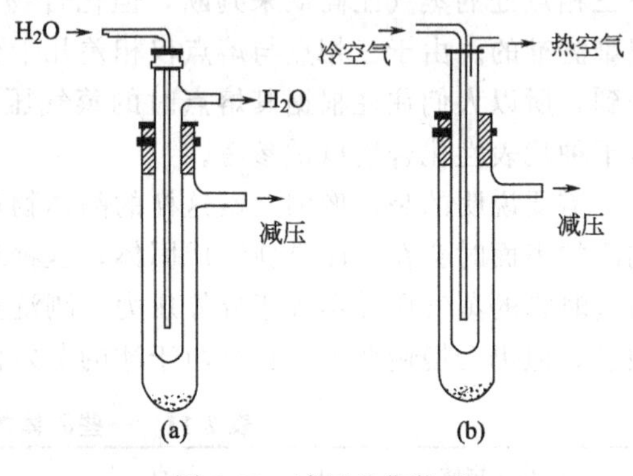

图 2-25 减压升华装置

图 2-25 为常见的减压升华装置。它们都是在放置待升华固体的容器内插入一根冷凝指，冷凝指可通入冷水冷却［图 2-25(a)］，也可鼓入冷空气冷却［图 2-25(b)］，或者直接放入碎冰冷却。用热浴加热的同时对体系抽气减压，固体即在一定真空度下升华。如有必要，也可将这些装置做进一步的改进，使在减压的同时用毛细管鼓入惰性气体，使之带出升华物的蒸气以加速升华，但以不影响系统的真空度为限。减压升华的后段处理与常压升华相同。

2.10.4 注意事项

升华时注意事项如下：

(1) 升华温度一定要控制在固体化合物熔点以下。

(2) 被升华的固体化合物一定要干燥，如有溶剂将会影响升华后固体的凝结。

(3) 滤纸上的孔隙应尽量大些，以便蒸气上升时顺利通过。

(4) 减压升华时，停止抽滤时一定要先打开安全瓶上的放空阀，再关泵，以防倒吸。

2.11 色谱分离技术

按分离原理，色谱可分为吸附色谱、分配色谱、离子交换色谱和空间排阻色谱等。按操作条件又可分为柱色谱、薄层色谱、纸色谱、气相色谱和高效液相色谱等。

2.11.1 柱色谱原理

(1) 基本原理

柱色谱一般有吸附色谱和分配色谱两种。实验室中常用的是吸附色谱。吸附是指一种或几种物质附着在一种固体表面的现象。该固体称为吸附剂（常为固定相），其表面附着的物质称为被吸附物。被吸附物可以是气体或液体，也可以是溶液中的溶剂或溶质（无论该溶质独立存在时呈何物态）。其原理是利用混合物中各组分在流动相和固定相中吸附和解吸的能力不同，即在两相中的分配不同，从而使混合物达到分离。当混合物随流动相流过固定相时，发生了反复多次的吸附和解吸过程。

柱色谱吸附分离是将吸附剂均匀致密地装填在色谱柱中，形成固定相。待分离的混合物样品加于柱顶，然后选取合适的溶剂（称为淋洗剂或流动相）自柱顶向下均匀地淋洗，各组分分子即在淋洗剂中发生溶解竞争，同时也在吸附剂表面发生吸附竞争。在溶解竞争中，溶解度大的分子易进入流动相；而在吸附竞争中，则是极性较小的、受吸附力较弱的分子易于被其他分子从吸附剂表面“顶替”下来而进入流动相。进入流动相的分子随流动相一起下行，并在前进途中经历新的吸附和解吸溶解竞争。反之，溶解度小的、受吸附力较强的分子则易被吸附，较难进入流动相，但在持续的淋洗下总还是要进入流动相的，只是在下行过程中反复受吸附而行进艰难。混合物样品里的同种分子具有相同的极性和溶解度，受吸附和解吸溶解的难易相同，向下行进的速度也大体相同；而不同种分子则在分子结构、极性及溶解度等方面存在着细微的差别，受吸附和解吸溶解的难易各不相同，行进的速度亦不相同。在经历反复多次的吸附和解吸溶解竞争之后，各组分间就会逐渐拉开距离。较易进入流动相的组分行进较快，将较早流出色谱柱。将分别接收的各组分溶液，蒸除溶剂后即得纯物质。

(2) 吸附力

造成吸附现象的作用力称为吸附力。吸附力是多种力的复杂组合，其中最常起作用的是范德华（van der Waals）引力和偶极作用力，此外还可能存在着某种或某几种直接作用力。

吸附剂与被吸附物之间不形成任何化学键，这样的吸附称为物理吸附。由范德华力或偶极作用力造成的吸附都是物理吸附。纯粹由范德华引力形成的吸附力甚弱，而弱极性偶极间的作用力比范德华引力强得多。所以物理吸附中偶极作用力是构成吸附力的主要部分。

直接作用力是当被吸附物分子中具有某种基团可以和吸附剂表面的一些基团形成盐、氢键或配合物时，其作用力相当于化学键的结合力，因而具有较大的活化能（约 21～83kJ/mol）和较大的热效应（83～418kJ/mol），称为化学吸附。

常根据吸附剂的种类、活性级别及被吸附物的结构特征对作用力进行宏观的定性判断。

吸附剂的吸附能力强弱由其极性、活性和粒度等因素所决定。吸附剂的极性越强，吸附能力也就越强。在常用的吸附剂中，氧化铝极性最强，硅胶极性中强，氧化镁极性中等，而活性炭则是非极性的。

吸附剂的活性是其含水量的一种标度。当吸附剂含水时，其部分表面被水分子覆盖而失活，只有一部分表面起吸附作用，整体的吸附能力就会下降，因此，含水量越大，活性级别就越低。氧化铝和硅胶各分五个活性级别，其含水量列于表 2-12。吸附剂表面的水分子不易被其他分子“顶替”下来，要提高活性级别，只能用加热的方法把水分子蒸发掉，这样的过程叫作活化。有时在吸附色谱中低活性级别的吸附剂反而会有更好的效果，则可降低活性级别，将其暴露在空气中，从空气中吸收一些水汽即可。

粒度是指吸附剂的颗粒大小。颗粒越小，总表面积越大，吸附能力也就越强。活性炭虽为非极性吸附剂，但由于其颗粒细小，总的吸附能力仅次于氧化铝而高于硅胶。早期是用目数来表示粒度大小的，目数是指筛分固体颗粒所用的筛子每平方厘米面积内所含的筛孔数目。目数越多，筛孔越小，筛出的颗粒也越小。近些年来直接用颗粒的平均直径来表示其大小，以 μm 为单位。例如 100 目的粒度大体与 40μm 的粒度相当。

表 2-12　氧化铝和硅胶的活性级别（Brochmann 法）

含水量		活性级别	吸附活性
氧化铝	硅胶		
0	0	Ⅰ	强
3%	5%	Ⅱ	↓
6%	15%	Ⅲ	弱
10%	25%	Ⅳ	
15%	38%	Ⅴ	

吸附力的强弱不仅取决于吸附剂，也取决于被吸附物。一般地说，被吸附物极性越强，则吸附力也越强。对于氧化铝，吸附力由小到大的次序为：戊烷＜石油醚＜己烷＜环己烷＜四氯化碳＜苯＜乙醚＜氯仿＜二氯甲烷＜乙酸乙酯＜异丙醇＜乙醇＜甲醇＜乙酸。对于硅胶，吸附力次序则为：环己烷＜石油醚＜戊烷＜四氯化碳＜苯＜氯仿＜乙醚＜乙酸乙酯＜乙醇＜水＜丙酮＜乙酸＜甲醇。

（3）吸附剂

柱色谱中最常使用的吸附剂是氧化铝或硅胶。其用量为被分离样品的 30～50 倍。对于难以分离的混合物，吸附剂的用量可达 100 倍或更高。对于吸附剂应综合考虑其种类、酸碱性、粒度及活性等因素来选择，最后用实验方法确定。

市售氧化铝有酸性、碱性和中性之分。酸性氧化铝是用 1%盐酸浸泡后，用蒸馏水洗到其浸出液的 pH 值为 4，适用于分离酸性物质；碱性氧化铝浸出液的 pH 值为 9～10，用以分离胺类、生物碱及其他有机碱性化合物。中性氧化铝的相应 pH 值为 7.5，适合于醛、酮、醌、酯等类化合物的分离以及对酸、碱敏感的其他类型化合物的分离。硅胶没有酸碱性之分，可适用于各类有机物的分离。

柱色谱所用氧化铝的粒度一般为 100～150 目，硅胶为 60～100 目。如果颗粒太小，淋洗剂在其中流动太慢，甚至流不出来。

氧化铝和硅胶的活性各分五个等级（表 2-12）。哪个活性级别分离效果最好，要用实验方法确定，最常使用的是Ⅱ～Ⅲ级。如果吸附剂活性太低，分离效果不好，可通过活化来提高其活性。通常是将吸附剂装在瓷盘里放进烘箱中恒温加热。活化温度和时间应根据分离需要而定。氧化铝一般在 200℃恒温 4h，硅胶在 105～110℃恒温 0.5～1h。活化完毕，切断电源，待温度降至接近室温时，从烘箱中取出放进干燥器中备用。

此外，一些天然产物带有多种官能团，对微弱的酸碱性都很敏感，则可用纤维素、淀粉或糖类作吸附剂。活性炭是一种吸附能力特别高的吸附剂，但粒度太小而不常用。

（4）淋洗剂

淋洗剂是将被分离物从吸附剂上洗脱下来所用的溶剂，所以也称为洗脱剂或简称溶剂。其极性大小和对被分离物各组分的溶解度大小对于分离效果非常重要，一般通过实验确定。淋洗剂的选择原则：如果淋洗剂的极性远大于被分离物的极性，则淋洗剂将受到吸附剂的强烈吸附，从而将原来被吸附的待分离物“顶替”下来，随多余的淋洗剂冲下而起不到分离作用。如果淋洗剂的极性远小于各组分的极性，则各组分被吸附剂强烈吸附而留在固定相中，不能随流动相向下移动，也不能达到分离的目的。如果淋洗剂对被分离物各组分溶解度太大，被分离物将会过多、过快地溶解于其中并被迅速洗脱而不能很好地分离；如果淋洗剂对被分离物各组分溶解度太小，则会造成谱带分散，甚至完全不能分开。常用溶剂的极性大小次序也因所用吸附剂的种类不同而不尽相同，原理中给出了在硅胶和氧化铝柱中常见溶剂所表现出的极性次序，可作为选择溶剂的参考，首先在薄层色谱板上试选（见薄层色谱部分），初步确定后再上柱分离。如果所有色带都行进甚慢则应改用极性较大、溶解性能也较大的溶剂，反之则改用极性和溶解性都较小的溶剂，直至获得满意的分离效果。

除了分离效果外还应当考虑：a. 在常温至沸点的温度范围内可与被分离物长期共存不发生任何化学反应，也不被吸附剂或被分离物催化而发生自身的化学反应；b. 沸点较低以利于回收；c. 毒性较小，操作安全；d. 适当考虑价格是否合算，来源是否方便；e. 回收溶剂一般不应作为最终纯化产物的淋洗剂。

淋洗剂的用量往往较大，故最好使用单一溶剂以利于回收。只有在选不出合适的单一溶剂时才使用混合溶剂。混合溶剂一般由两种可以无限混溶的溶剂组成，先以不同的配比在薄层板上试验，选出最佳配比，再按该比例配制好，像单一溶剂一样使用。如果必须在色谱分离过程中改变淋洗剂的极性，不能把一种溶剂迅速换成另一种溶剂，而应当将极性稍大的溶剂按一定的百分率逐渐加到正在使用的溶剂中去，逐步提高其比例，直至所需要的配比。例如原淋洗剂为环己烷，如欲加入二氯甲烷以增加其极性，则不应立即换为二氯甲烷，而应使用这两种溶剂的混合液，其中二氯甲烷的比例依次为5%、15%、45%，最后再换为纯净的二氯甲烷。每次加大比例后，需待流出液量为吸附剂装载体积的3倍时再进一步加大比例。这只是一般方法，其目的在于避免后面的色带行进过快，追上前面的色带，造成交叉带。但如果两色带间有很宽阔的空白带，不会造成交叉，则亦可直接换成后一溶剂，所以应根据具体情况灵活运用。

（5）柱色谱装置

实验室中所用的玻璃色谱柱，如图2-26所示。一般而言，吸附剂的质量应是待分离物质质量的25～30倍；柱的尺寸根据被分离物的量来定，其直径与高度之比一般在1∶8。柱身细长，分离效果好，但可分离的量小，且分离所需时间长；柱身短粗，分离效果较差，但一次可以分离较多的样品，且所需时间短。

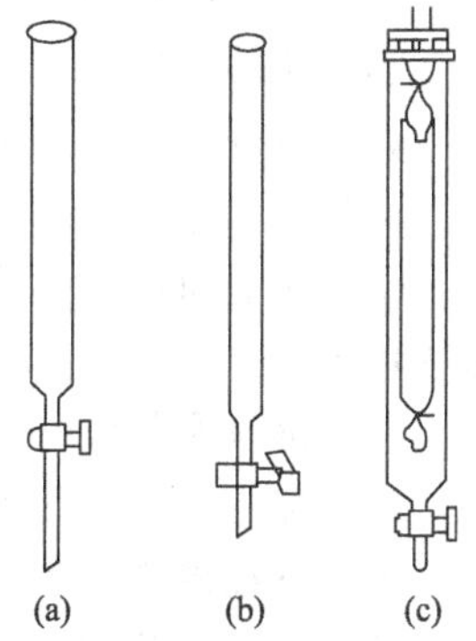

图2-26　色谱柱

2.11.2　柱色谱的操作方法

（1）装柱

装柱的方法分湿法和干法两种。

① 湿法装柱

a. 将柱竖直固定在铁支架上，关闭活塞，加入选定的淋洗剂至柱容积的1/4。

b. 将需要量的吸附剂置于烧杯中，加淋洗剂浸润，溶胀并调成糊状（快速，防止固化）。

c. 打开色谱柱下的活塞调节流出速度为每秒钟1滴，将调好的吸附剂在搅拌下自柱顶缓缓注入柱中，同时用套有橡皮管的玻璃棒轻轻敲击柱身，使吸附剂在淋洗剂中均匀沉降，形成均匀紧密的吸附剂柱。吸附剂最好一次加完。若分数次加，则会沉积为数层，各层交接处的吸附剂颗粒甚细，在分离时易被误认为是一个色层。

d. 吸附剂全部加完后，在吸附剂顶部盖上一张直径与柱内径相当的滤纸片，关闭活塞。

e. 在全部装柱过程及装完柱后，都需始终保持吸附剂上面有一段液柱，否则将会有空气进入吸附剂，在其中形成气泡而影响分离效果。如果发现柱中已经形成了气泡，应设法排除；若不能排除，则应倒出重装。装好的吸附柱各层材料的分布见图 2-27。

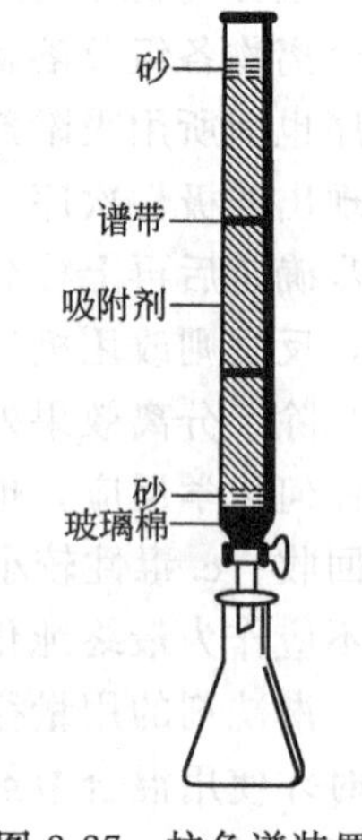

图 2-27 柱色谱装置

② 干法装柱

a. 先将柱竖直固定在铁支架上，关闭活塞。加入溶剂至柱容积的 3/4。

b. 打开活塞控制溶剂流速为 1 滴/s，然后将所需量的吸附剂通过一支短颈玻璃漏斗慢慢加入柱中，同时，轻轻敲柱身使柱填充紧密。干法装柱的缺点是容易使柱中混有气泡。特别是使用硅胶为吸附剂时，最好不用干法装柱，因为硅胶在溶剂中有一溶胀过程，若采用干法装柱，硅胶会在柱中溶胀，往往留下缝隙和气泡，影响分离效果，甚至需要重新装柱。

(2) 加样

加样亦有干法、湿法两种。

① 湿法加样

a. 将待分离物溶于尽可能少的溶剂中，如有不溶性杂质应当滤去。打开柱下活塞小心放出柱中液体至液面下降到滤纸片处，关闭活塞。

b. 将配好的溶液沿着柱内壁缓缓加入，切记勿冲动吸附剂，否则将造成吸附剂表面不平而影响分离效果。

c. 溶液加完后，小心开启柱下活塞，放出液体至溶液液面降至滤纸片时，关闭活塞。

d. 用少许溶剂冲洗柱内壁（同样不可冲动吸附剂），再放出液体至液面降到滤纸处。

e. 再次冲洗柱内壁，直至溶剂无色。加样操作的关键是要避免样品溶液被冲稀。

② 干法加样

a. 将待分离样品加少量溶剂溶解，再加入约五倍量吸附剂，搅拌均匀后蒸发至干。

b. 揭去柱中滤纸片，将样品与吸附剂的混合物均匀平摊在吸附剂的顶端。

c. 再在上面加盖一薄层吸附剂，然后盖上滤纸片。干法加样易于掌握，但不适用于热敏感的化合物。

(3) 淋洗和接收

样品加入后即可用大量淋洗剂淋洗。随着流动相向下移动，混合物逐渐分成若干个不同的色带，继续淋洗，各色带间距离拉开，最终被一个个淋洗下来。当第一色带开始流出时，更换接收瓶，接收完毕再更换接收瓶，接收两色带间的空白带，并依此法分别接收各个色带。若后面的色带下行太慢，可依次使用几种极性逐渐增大的淋洗剂来淋洗。为了减少添加淋洗剂的次数，可用分液漏斗在柱顶“自动”添加。分液漏斗的活塞打开，顶塞密封，尾部插进柱上部的淋洗剂液面以下，当液面下降后，若漏斗尾部露出，即有空气泡自尾部进入分液漏斗，这就加大了漏斗内液面上的压力，漏斗内的淋洗剂就自动流入柱内，使柱内液面上升。

(4) 显色

分离无色物质时需要显色，如果使用带荧光的吸附剂，可在黑暗下用紫外光照射显出各色带的位置，以便按色带分别接收。也可在薄层板上显色。常用的办法是等分接收，即事先准备接收瓶，依次编出号码，各接收相同体积的流出液，并各自在薄层板上点样展开，然后在薄层板上显色（相关的显色操作见薄层色谱部分）。具有相同 R_f 值的为同一组分，可以合并处理。也可能出现交叉带，若交叉带很少，可以弃之，若交叉带较多，或样品很贵重，可以将交叉部分再次作柱色谱分离，直至完全分开。例如某一样品经等分接收和薄层色谱并显色处理后如图 2-28 所示。由图可知，1、7、8 号接收液都是空白，没有任何组分，可以合并。2～6 号为第一组分，可以合并处理，9～13 号为第二组分，14～16 号为第三组分，17～20 号为第四组分。其中第 14 号实际是一个交叉带，以第三组分为主，也含有少量第二组分。如果对第三组分的纯度要求不高，可以并入第三组分；如果对第三组分的纯度要求甚高，可将第 14 号接收液浓缩后再做一次柱色谱分离。

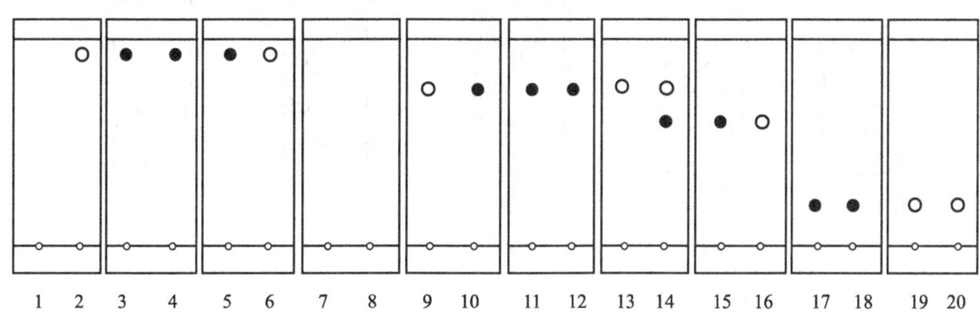

图 2-28　一个四组分样点经柱色谱分离后用薄层检测的情况

1～20—接收液编号；○—接收液点样处；●—展开后样点位置；O—模糊的样点

2.11.3　柱色谱操作中应注意的问题

（1）要控制淋洗剂流出的速度，一般控制流速为 1 滴/s。若流速太快，样品在柱中的吸附和溶解过程来不及达到平衡，影响分离效果。若流速太慢，分离时间会拖得太长。有时，样品在柱中停留时间过长，可能促成某些成分发生变化。或流动相在柱中下行速度小于样品的扩散速度，会造成色带加宽、交合甚至根本不能分离。

（2）以下现象会严重影响分离效果，必须尽力避免。

① 色带过宽，界限不清　造成的原因可能是柱的直径与高度比选择不当，吸附剂、淋洗剂选择不当，或样品在柱中停留时间过长。但更常见的却是在加样时造成的。若在样品溶液加进柱中后，没有打开下部活塞放出淋洗剂使样品溶液降至滤纸片处，即急于加溶剂冲洗柱壁，造成样品溶液大幅度稀释，或急于加溶剂淋洗，必然会造成色带过宽。所以溶样时一定要使用尽可能少的溶剂，加样时一定要避免样品溶液的稀释。

② 色带倾斜　正常情况下柱中的色带应是水平的，如图 2-29(a) 所示。而倾斜的色带如图 2-29(b) 所示，在前一个色带尚未完全流出时，后面色带的前沿已开始流出，所以不能接收到纯粹的单一组分。造成色带倾斜的原因是吸附剂的顶面装得倾斜或柱身安装得不垂直。

③ 气泡　造成气泡的原因可能是玻璃毛或脱脂棉中的空气未挤净，其后升入吸附剂中形成气泡；也可能是吸附剂未充分浸润溶胀，在柱中与淋洗剂作用发热而形成；但更大可能是在装柱或淋洗过程中淋洗剂放出过快，液面下降到吸附剂沉积面之下，使空气进入吸附剂内部滞留而成。当柱内有气泡时，大量淋洗剂顺气泡外壁流下，在气泡下方形成沟流，使后一色带前沿的一部分突出伸入前一色带［图 2-29(c)］，从而使两色带难于分离。所以在装柱及淋洗过程中应始终保持吸附剂上面有一段液柱。

④ 柱顶面填装不平　这时色带前沿将沿低凹处向下延伸进入前面的色带［图 2-29(d)］，

这也是一种沟流。

⑤ 断层和裂缝　当柱内某一区域内积有较多气泡时，这些气泡会合并起来在柱内形成断层或裂缝。图 2-29(e) 表示了裂缝造成的沟流，而断层相当于一个不平整的装载面，它造成沟流的情况与图 2-29(d) 相似。

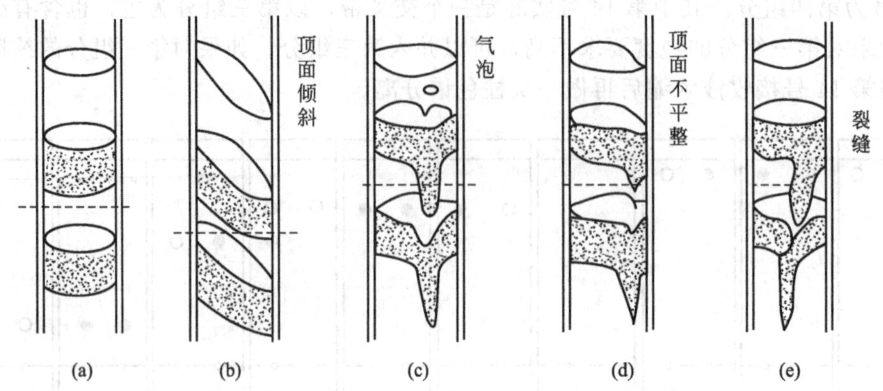

图 2-29　色谱柱中的色带（虚线表示更换接收瓶）

2.11.4　薄层色谱的原理

薄层色谱（thin layer chromatography），也叫薄层层析、薄板色谱或薄板层析，属色谱技术中的一类，常用 TLC 代表。如同柱色谱一样，按其作用机理可分为吸附薄层色谱、分配薄层色谱等。其中应用最广泛的是吸附薄层色谱。薄层色谱具有微量、快速、操作简便等优点，但不适合于较大量的样品的分离，通常可分离的量在 0.5g 以下，最低可达 10^{-9}g。

(1) 吸附薄层色谱的原理

吸附薄层色谱的作用原理与吸附柱色谱相同，其区别在于吸附薄层色谱所用吸附剂粒度较细小，且不是装在柱中，而是被均匀地涂布于玻璃板上形成一定厚度的薄层。被分离的样品制成溶液用毛细管点在薄层上靠近一端处，作为流动相的溶剂（称为展开剂）则靠毛细作用从点有样品的一端向另一端运动并带动样点前进。经过反复多次的吸附和溶解竞争后，受吸附力较弱而溶解度较大的组分将行进较长的路程，反之，吸附较强或溶解度较小的组分则行程较短，从而使各组分间拉开距离。用刮刀分别刮下各组分的色点（或色带），各自以溶剂萃取，再蒸去溶剂后即得各组分的纯品。

可作为检测手段的理论依据是同种分子在极性、溶解度、分子大小和形状等方面完全相同，因而在薄层色谱中随展开剂爬升的高度亦应相同；不同种分子在这诸方面中总会有一些细微的差别，因而其爬升高度不会完全相同。如果将用其他分离手段所得的某一个组分在薄层板上点样展开后仍为一个点，则说明该组分为同种分子，即原来的分离方法达到了预期效果；如果展开后变成了几个斑点，则说明该组分中仍有数种分子，即原分离手段未达到预期效果。

(2) 薄层色谱的用途

在实验室中，薄层色谱主要用于以下几种目的。

① 为柱色谱选择吸附剂和淋洗剂　一般说来，使用某种固定相和流动相可以在柱中分离开的混合物，使用同种固定相和流动相也可以在薄层板上分离开。

② 监控反应进程　在反应过程中定时取样，将原料和反应混合物分别点在同一块薄层板上，展开后观察样点的相对浓度变化。若只有原料点，则说明反应没有进行；若原料点很快变淡，产物点很快变浓，则说明反应在迅速进行。若原料点基本消失，产物点变得很浓，则说明反应基本完成。

③ 检测其他分离纯化过程　在柱色谱、结晶、萃取等分离纯化过程中，将分离出来的组分或纯化所得的产物溶样点板，展开后如果只有一个点，则说明已经完全分离开了或已经纯化好了；若展开后仍有两个或多个斑点，则说明分离纯化尚未达到预期的效果。

④ 确定混合物中的组分数目　一般说来，混合物溶液点样展开后出现几个斑点，就说明混合物中有几个组分。

⑤ 确定两个或多个样品是否为同一物质　将各样品点在同一块薄层板上，展开后若各样点上升的高度相同，则大体上可以认定为同一物质，若上升高度不同，则肯定不是同一物质。

⑥ 根据薄层板上各组分斑点的相对浓度可粗略地判断各组分的相对含量。

⑦ 迅速分离出少量纯净样品　为了尽快从反应混合物中分离出少量纯净样品作分析测试，可扩大薄层板的面积，加大薄层的厚度，并将混合物样液点成一条线，一次可分离出数十毫克到约五百毫克的样品。

(3) 薄层色谱的仪器和药品

① 薄板　薄层色谱所用的薄板通常为玻璃板，也有用塑料板的，根据用途的不同而有不同的规格。作分析鉴定用的多为 7.5 cm×2.5 cm 的载玻片。

② 展开槽　展开槽也叫色谱缸，规格形式不一。

③ 吸附剂　薄层色谱中所用吸附剂最常见的有硅胶和氧化铝两类。其中不加任何添加剂的以 H 表示，如硅胶 H、氧化铝 H；加有煅石膏（$CaSO_4 \cdot 1/2H_2O$）为黏合剂的用 G 表示。氧化铝 HF_{254}，意思是其中所加荧光素可在波长 254nm 的紫外光下激发荧光；同时加有煅石膏和荧光素的用 GF 表示，如硅胶 GF_{254}、氧化铝 GF_{254}。如在制板时以羧甲基纤维素钠的溶液调和，则用 CMC（carboxymethyl cellulose）表示，如硅胶 CMC。添加黏合剂是为了加强薄层板的机械强度，其中以添加 CMC 者机械强度最高；添加荧光素是为了显色的方便。习惯上把加有黏合剂的薄层板称为硬板，不加黏合剂的薄层板称为软板。

薄层色谱用的吸附剂粒度较小，通常为 200 目，不可用柱色谱吸附剂代替，也不可混用。

薄层色谱用的氧化铝也有酸性、中性、碱性之分，也分五个活性等级。选择原则与柱色谱类同。

④ 展开剂　薄层色谱中用作流动相的溶剂称为展开剂，它相当于柱色谱中的淋洗剂，其选择原则也与淋洗剂类同，也是由被分离物质的极性决定的。被分离物极性小，选用极性较小的展开剂；被分离物极性大，选用极性较大的展开剂。环己烷和石油醚是最常使用的非极性展开剂，适用于非极性或弱极性试样的分离和鉴定；乙酸乙酯、丙酮或甲醇适用于分离极性较强的试样；氯仿和苯是中等极性的展开剂，可用作多官能团化合物的分离和鉴定。若单一展开剂不能很好分离，也可采用不同比例的混合溶剂展开。

2.11.5 薄层色谱的操作

(1) 制板

制板也称铺板或铺层，有干法和湿法两种，由于干燥的吸附剂在玻璃板上附着力差，容易脱落，不便操作，所以很少采用，此处只介绍湿法铺板。

① 首先将洁净干燥的待铺载玻片平放在水平台面上。

② 将吸附剂置于干净容器内，按照每克硅胶 G 约 2～3mL 蒸馏水；或每克氧化铝 1～2mL 蒸馏水的比例将蒸馏水加入，立即调成糊状，倒在载玻片上并迅速摊布均匀。也可轻敲载玻片边缘，或将载玻片托在手中前后左右稍稍倾斜，靠糊状物的流动性使之在载玻片上分布均匀。

③ 平放在台面上，使其固化定型并晾干。固化的过程是吸附剂内的煅石膏吸收水生成新固体的过程，反应式为：

$$CaSO_4 \cdot \frac{1}{2}H_2O + \frac{3}{2}H_2O \longrightarrow CaSO_4 \cdot 2\,H_2O$$

所以调糊状物和涂铺薄层板都需尽可能迅速。若动作稍慢，糊状物即会结成团块状无法涂铺或不能涂铺均匀，即使再加水也不能再调成均匀的糊状。通常调糊状物需在 1min 左右完成，铺完全部载玻片也只在数分钟。每次铺板都需临时调糊状物。以蒸馏水作溶剂制得的薄层板具有较好的机械性能，如欲获得机械性能更好的薄层板，可用 1% 羧甲基纤维素钠水溶液来调制糊状物。即将 1g 羧甲基纤维素钠加在 100mL 蒸馏水中，煮沸使充分溶解，然后用砂芯漏斗过滤。用所得滤液如前述方法调糊状物、铺板，这样的薄层板具有足够的机械性能，可以用铅笔在上面写字或作其他记号，但需注意在活化时严格控制烘焙温度，以免温度过高引起纤维素炭化而使薄层变黑。

铺板要求铺得的薄层厚薄均一，没有纹路，没有团块凸起。纹路或团块的产生原因是糊状物调得不均匀、铺制太慢或在局部固化的板子上又加入新的糊状物，所以为获得均匀的薄层，应动作迅速，一次调匀，一次倾倒，一次铺成。

(2) 活化

晾干后的薄板移入烘箱内活化。活化的温度因吸附剂不同而不同。硅胶薄板在 105～110℃烘焙 0.5～1h 即可；氧化铝薄板在 200～220℃烘焙 4h，其活性约为Ⅱ级，若在 150～160℃烘焙 4h，活性相当于Ⅲ～Ⅳ级。活化后的薄层板就在烘箱内自然冷却至接近室温，取出后立即放入干燥器内备用。

(3) 点样

固体样品通常溶解在合适的溶剂中配成 1%～5% 的溶液，用内径小于 1mm 的平口毛细管吸取样品溶液点样。点样前可用铅笔在距薄层板一端约 1cm 处轻轻地画一条横线作为“起始线”。然后将样品溶液小心地点在“起始线”上。样品斑点的直径一般不应超过 2mm。如果样品溶液太稀需要重复点样时，须待前一次点样的溶剂挥发之后再点样。点样时毛细管的下端应轻轻接触吸附剂层。如果用力过猛，会将吸附剂层戳成一个孔，影响吸附剂层的毛细作用，从而影响样品的 R_f 值。若在同一块板上点两个以上样点时，样点之间的距离不应小于 1cm。点样后待样点上溶剂挥发干净才能放入展开槽中展开。

(4) 展开

展开剂带动样点在薄层板上移动的过程叫展开。展开过程是在充满展开剂蒸气的密闭的展开槽中进行的。展开的方式有直立式、卧式、斜靠式、下行式、双向式等。

直立式展开是在立式展开槽中进行的。先在展开槽中装入深约 0.5cm 的展开剂，盖上盖子放置片刻，使蒸气充满展开槽。然后将点好样的薄层板小心放入展开槽，使其点样一端向下（注意样点不要浸泡在展开剂中），盖好盖子。由于吸附剂的毛细作用，展开剂不断上升，如果展开剂合适，样点也随之展开，当展开剂前沿到达距薄层板上端约 1cm 处时，取出薄层板并标出展开剂前沿的位置。分别测量前沿及各样点中心到起始线的距离，计算样品中各组分的比移值。如果样品中各组分的比移值都较小，则应该换用极性大一些的展开剂；反之，如果各组分的比移值都较大，则应换用极性小一些的展开剂。每次更换溶剂，必须等展开槽中前一次的溶剂挥发干净后，再加入新的溶剂。更换溶剂后，必须更换薄层板并重新点样、展开，重复整个操作过程。直立式展开只适用于硬板。

（5）显色

分离和鉴定无色物质，必须先经过显色，才能观察到斑点的位置，判断分离情况。常用的显色方法有如下几种。

① 碘蒸气显色法　由于碘能与很多有机化合物（烷和卤代烷除外）可逆地结合形成有颜色的络合物，所以先将几粒碘的结晶置于密闭的容器中，碘蒸气很快地充满容器，此时将展开后的薄层板（溶剂已挥发干净）放入容器中，有机化合物即与碘作用而呈现出棕色的斑点。薄层板自容器中取出后，应立即标记出斑点的形状和位置（因为薄板放在空气中，碘挥发棕色斑点在短时间内即会消失），计算比移值。

② 紫外光显色法　如果被分离（或分析）的样品本身是荧光物质，可以在暗处在紫外灯下观察到荧光物质的亮点。如果样品本身不发荧光，可以在制板时，在吸附剂中加入适量的荧光剂或在制好的板上喷上荧光剂，制成荧光薄层板。荧光薄层板经展开后取出，标记好展开剂的前沿，待溶剂挥发干净后，放在紫外灯下观察，有机化合物在亮的荧光背景上呈暗红色斑点。标记出斑点的形状和位置，计算比移值。

③ 试剂显色法　除了上述显色法之外，还可以根据被分离（分析）化合物的性质，采用不同的试剂进行显色，一些常用显色剂及被检出物质列在表 2-13 中。

操作时，先将薄层板展开，风干，然后用喷雾器将显色剂直接喷到薄层板上，被分开的有机物组分便呈现出不同颜色的斑点。及时标记出斑点的形状和位置，计算比移值。

表 2-13　一些常用显色剂及被检出物质表

显色剂	配制方法	被检出物质
浓硫酸①	直接使用 98%的浓硫酸	通用试剂，大多数有机物在加热后显黑色斑点
香兰素-浓硫酸	1%香兰素的浓硫酸溶液	冷时可检出萜类化合物，加热时为通用显色剂
四氯邻苯二甲酸酐	2%四氯邻苯二甲酸酐溶液溶剂的配制方法是丙酮：氯仿=10：1	可检出芳香烃
硝酸铈铵	6%硝酸铈铵的 2mol/L 硝酸溶液	检出醇类
铁氰化钾-三氯化铁	1%铁氰化钾水溶液与 2%三氯化铁水溶液使用前等体积混合	检出酚类
2,4-二硝基苯肼	0.4%2,4-二硝基苯肼的 2mol/L 盐酸溶液	检出醛酮
溴酚蓝	0.05%溴酚蓝的乙醇溶液	检出有机酸
茚三酮	0.3g 茚三酮溶于 100mL 乙醇中	检出胺、氨基酸
氯化锑	三氯化锑的氯仿饱和溶液	检出甾体、萜类、胡萝卜素等
二甲氨基苯胺	1.5g 二甲氨基苯胺溶于由 25mL 甲醇、25mL 水及 1mL 乙酸组成的混合溶液中	检出过氧化物

① 以 CMC 为黏合剂的硬板不宜用硫酸显色，因为硫酸也会使 CMC 炭化变黑，整板黑色而显不出斑点位置。

(6) 计算比移值

吸附薄层色谱作为化合物鉴定的手段，其理论依据是每种化合物都有自己特定的比移值。比移值也叫 R_f 值[1]，它是在薄层色谱中化合物样点移动的距离与展开剂前沿移动距离的比值，即：

$$R_f=\frac{\text{化合物样点移动的距离}}{\text{展开剂前沿移动的距离}}$$

例如在图 2-30 中，甲为薄层板，由 A、B 二组分组成的混合物被点在起始线上，展开后如图 2-30(b) 所示，A、B 二组分被拉开距离。这时展开剂前沿的爬升高度为 10，样点 A 的爬升高度（以样点中心计）为 7.3，则 A 的 R_f 值为 0.73。同理，B 的 R_f 值为 0.49。

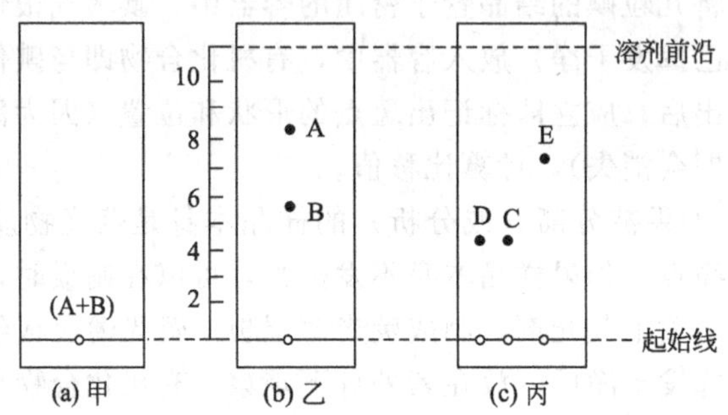

图 2-30　薄层色谱的 R_f 值计算和化合物鉴定

影响 R_f 值的因素很多，如薄层的厚度，吸附剂的种类、粒度、活性，展开剂的纯度（或配比的准确度）及外界温度等。因此，同一化合物在薄层板上重现其 R_f 值比较困难，不能仅凭 R_f 值进行判断。在鉴定未知样品时用已知化合物在同一块薄层板上点样做对照才比较可靠。如图 2-30(c) 所示，C 为已知物，D、E 为未知物，展开后 C 与 D 爬升高度相同，$R_f(C)=R_f(D)\neq R_f(E)$，所以 C、D 为同一化合物，而 E 则是不同的化合物。

2.12　物理常数的测定

2.12.1　熔点的测定

(1) 基本原理

熔点是在一个大气压下固体化合物固相与液相平衡时的温度。这时固相和液相的蒸气压相等。每种纯固体有机化合物，一般都有一个固定的熔点，即在一定压力下，从初熔到全熔（这一熔点范围成为熔程），温度不超过 0.5～1℃。熔点是鉴定固体有机化合物的重要物理常数，也是化合物纯度的判断标准。当化合物中混有杂质时，熔程较长，熔点降低。当测得

[1] 关于 R_f 值，有两种解释：一种是对前沿的比率（ratio to front）；另一种是滞后因数（retardation factor）。两者意思大体相同。

一未知物的熔点同已知某物质熔点相同或相近时，可将该已知物与未知物混合，测量混合物的熔点，至少要按 1∶9、1∶1、9∶1 这三种比例混合。若它们是相同化合物，则熔点值不降低；若是不同的化合物，则熔程变长，熔点值下降（少数情况下熔点值上升）。

（2）熔点测定的应用

晶体化合物的熔点测定是有机化学实验中的重要基本操作之一，准确测定晶体化合物的熔点具有以下作用：

① 粗略地鉴定晶体样品　当一种晶体可能为 A 或为 B 时，只要准确测定其熔点即可，因有杂质时，会使其熔点下降且熔程变长。将测定晶体样品的熔点数据与文献记载的标准数据相比较。如果相符，则说明样品是纯净的；如果低于文献值，则说明样品不纯净。

② 确定两个晶体样品是否为同一化合物　同一种纯净的晶体化合物，其熔点是固定不变的，但不同种的晶体化合物也可能具有相同的或非常相近的熔点。如果将两个不同的晶体样品混合研细，即相当于在一种晶体中掺入了杂质，会造成熔点降低和熔程拉长。

（3）熔点测定的方法

测定熔点的装置和方法多种多样，大体上可分为两类，一类是毛细管法，另一类是显微熔点测定法。

① 毛细管法　毛细管法是一种古老而经典的方法，具有简单方便的优点，其缺点是在测定过程中看不清可能发生的晶形变化。

毛细管法测定熔点，是将晶体样品研细后装入特制的毛细管中。将毛细管黏着在温度计上，使装有样品的一端与温度计的水银球相平齐。将温度计插入某种载热液中。加热载热液，观察样品及温度的变化，记下晶体熔化时的温度，即为该样品的熔点。毛细管法测定熔点所用的装置也有多种，图 2-31 列出了其中的几种。

其中图 2-31(a) 为最简单的无搅拌装置。图 2-31(b) 为带有搅拌的简单装置，使用时用手指勾住吊环一拉一松，吊环上的细线即带动搅拌棒上下运动，起到搅拌作用。图 2-31(c) 为双浴式装置，温度计插入内管中，加热外面的浴液即可使内管均匀受热。内管中可装入少量浴液，也可以不装浴液而以受热的空气浴加热。图 2-31(d) 为可以同时插入两根毛细管的装置。图 2-31(a)、(c)、(d) 中的塞子都应带有切口或锉有侧槽，以免造成密闭系统，在加热时发生危险。

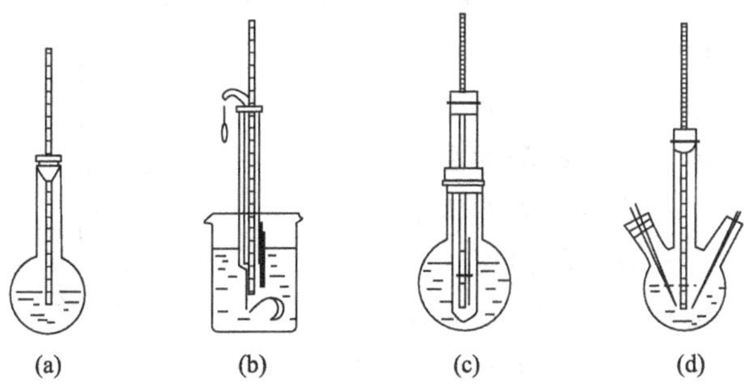

图 2-31　毛细管法测定熔点的几种装置

测定熔点所用的载热液，应具有沸点较高，挥发性甚小，在受热时较为稳定等特点。常用的载热液有：

a. 浓硫酸　价廉易得，适用范围 220℃以下，更高温度下会分解放出三氧化硫，缺点是易于吸收空气中水分而变稀，所以每次使用后需用实心塞子塞紧容器口放置。

b. 磷酸　适用范围 300℃以下。

c. 浓硫酸与硫酸钾的混合物　当浓硫酸与硫酸钾的比例为 7∶3 或 5.5∶4.5 时适用范围为 220～320℃，当此比例为 6∶4 时，可测至 365℃。但这些混合物在室温下过于黏稠或呈半固态，因而不适于测定熔点较低的样品。

d. 也可用石蜡油或植物油作载热液，但长期使用易于变黑。硅油无此缺点，但较昂贵。

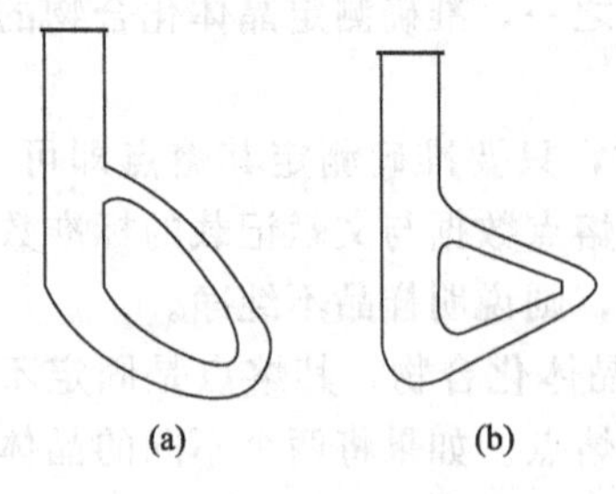

图 2-32　提勒管

在毛细管法中，目前应用最广泛的是提勒管法。提勒管 (Thiele tube) 如图 2-32(a) 所示。图 2-32(b) 为改进型的提勒管，因其形状像英文字母 b，所以也称 b 形管或 b 管。目前 b 形管的应用更广泛一些。

提勒管法测定熔点的操作步骤为：

a. 安装装置　将提勒管竖直固定于铁架台上，加入选定的载热液，载热液的用量应使插入温度计后其液面高于上支管口的上沿约 1cm 为宜。插入带有塞子的温度计。温度计的量程应高于待测物熔点 30℃以上。温度计的安装高度应使其水银球的上沿处于提勒管上支管口下沿以下约 2cm 处。如用 b 形管，则应使温度计的水银球处于上、下支管的中间位置。温度计需竖直、端正，不能偏斜或贴壁。塞子以软木塞为好，无软木塞时也可用橡皮塞，但橡皮塞易被有机载热液溶胀，也易被硫酸载热液炭化而污染载热液，所以应尽量避免橡皮塞触及载热液。塞子的侧面应用小刀切一切口，以利于透气和观察温度，在该段温度不需观察的情况下，也可用三角锉刀锉出一个侧槽而不切口。

b. 装样　取一根拉制好的，长约 15cm，直径约 1mm，两端封闭的毛细管，从中间切断，并使切口平整，即得两支熔点管。取充分干燥的固体样品少许，置于干燥洁净的表面皿上，用玻璃钉将其研成细粉，然后拢成一个小堆，把熔点管开口端向下插入样品堆中，即有一部分样品进入熔点管。把熔点管倒过来使开口端向上，从一根竖直立于实验台上的、长约 40cm 且内壁洁净干燥的玻璃管上口丢下，使熔点管在玻璃管中自由落下，样品粉末即震落于熔点管底部。再将熔点管倒过来使开口端向下，重新插入样品堆中并重复以上操作。经数次之后，熔点管底部的样品积至约 3mm 高时，可使熔点管在玻璃管中多落几次，以便使样品敦实紧密。最后用卫生纸将熔点管外壁沾着的固体粉末擦净。

c. 测定和记录　把温度计从硫酸中取出，在提勒管内壁上刮去过多的硫酸。把装好样品的熔点管借助于温度计上残余硫酸的黏合力将其黏附在温度计上，使熔点管内的样品处于温度计水银球的中部位置。将温度计连同所黏附的熔点管小心地插回提勒管中，使熔点管仍然竖直地紧贴温度计，处于靠近支管口一侧或支管口的对面一侧。因为前者在加热时会受到来自上支管口的回流的载热液的直接冲击而被紧紧压在温度计上；后者则会被温度计背面所产生的液体涡旋紧压在温度计上。温度计的刻度处于方便观察的角度。最后点燃煤气灯，在上、下支管交合处加热，

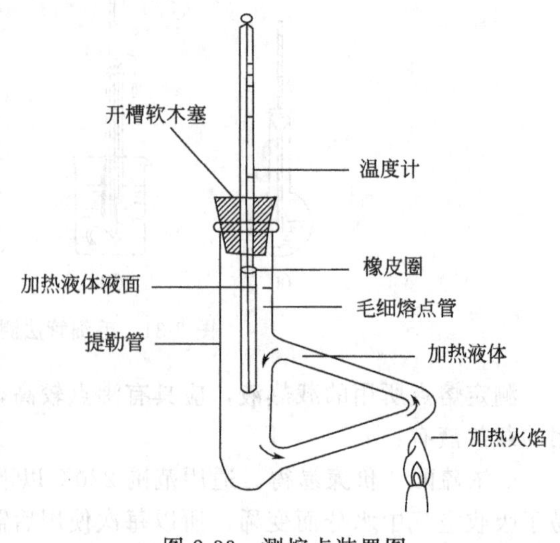

图 2-33　测熔点装置图

如图2-33所示。开始时加热速度可稍快，约每分钟上升2～3℃；当温度升至样品熔点以下5～10℃时，减慢加热速度至每分钟上升1℃；在接近熔点时，加热速度宜更慢。正确控制加热速度是测定结果准确与否的关键性操作。因为传热需要时间，如果加热太快，来不及建立平衡，会使测定结果偏高，而且看不清在熔融过程中样品的变化情况。

样品中刚刚出现第一滴可以看得见的液珠时的温度即为初熔点；样品刚刚全部变得均匀、透明时的温度即为全熔点。在初熔之前还往往会出现萎缩、塌陷等情况，也需详细记录。例如样品在154℃开始萎缩，155.5℃初熔，156.5℃全熔，可记为：熔程155.5～156.5℃（154℃萎缩）。

观察温度时，眼睛应与温度计汞线上端平齐，以免造成视差。每个样品应测定2～3次，取平均值作为熔点。每次测定后移开火焰，待温度下降至熔点以下约30℃后，取出温度计，用纸将熔点管拨入废液缸，重新粘上一支新的已装好样品的熔点管做下一次测定。不可用原来的熔点管做第二次测定，因为样品重新凝固后晶态可能有所改变，不一定再现前一次的熔点。当需要测定几个不同样品的熔点时，应按照熔点由低到高的次序测定，因为等待载热液的温度下降需要较长的时间。测定未知物的熔点时，可用较快的升温速度先粗测一次，确定熔点的大致范围后，再按照已知样品那样做精确测定。如果样品易于升华，在装好样品后将熔点管的开口端也用小火熔封，然后测定。

在测定工作全部结束后，取出温度计，用实心塞子塞紧提勒管口，以免载热液吸水或被污染。取出的温度计需冷至接近室温，用废纸揩去硫酸再用水冲洗。不可将热的温度计直接用水冲洗，否则可能造成温度计炸裂。

d. 常见故障的处理　若载热液变黑无法观察：在硫酸为载热液时，可加入少量硝酸钾固体并加热，一般能变得较为清亮，便于观察；当载热液为有机液体时，则需更换载热液。若温度计插入后，熔点管倾斜、漂浮或贴壁，可能有两种原因：一是操作上的失误，二是毛细管太粗，浮力过大。前者需要将熔点管取出重新粘好，重新小心地插入；后者需用一小橡皮圈在靠近开口端的地方将熔点管固定在温度计上。在这种情况下应小心地避免橡皮圈接触和污染载热液。如果在加热之前样品迅速自下而上地变黑，则是熔点管底部密封不好，有硫酸渗入，样品炭化，需更换熔点管。如遇加热过快而未能准确地看清熔程时，也需更换熔点管重新测定。

② 显微熔点测定法　显微熔点测定仪是在普通显微镜的载物台上装置一电加热台，如图2-34所示。样品是被夹在两片18mm×18mm的载玻片之间，放置在电热台上，由可变电阻器控制加热台内的电热丝加热，通过目镜和物镜观察样品的晶形及变化。装温度计的金属套管水平地装置于电热台侧面。利用显微熔点测定仪测定熔点的操作为：

a. 在采光良好的实验台面上放好显微熔点测定仪，在电热台侧面装上温度计套管，在套管中插入选定的温度计并转动至便于观察的角度。

b. 将与仪器配套的可变电阻的输出插头插入电热台侧面的插孔。

c. 用不锈钢刮匙挑取微量样品放在一块18mm×18mm的干净载玻片上，再用另一块同样的载玻片将样品盖好，轻轻按压并转动，使上、下两块载玻片贴紧。用干净的镊子将载玻片夹好，小心平放于电热台上，然后用拨圈移动载玻片，使样品位于电热台中心的小孔上。转动反光镜并缓缓旋转手轮，调节显微镜焦距，使晶体对准光线的入射孔道，至视野中获得最清晰的图像为止。

d. 盖上桥玻璃（桥玻璃宽20mm，长30mm，高约3～4mm，是用来保温的），再盖上表盖玻璃形成热室。重新调节显微镜焦距，使物像清晰。

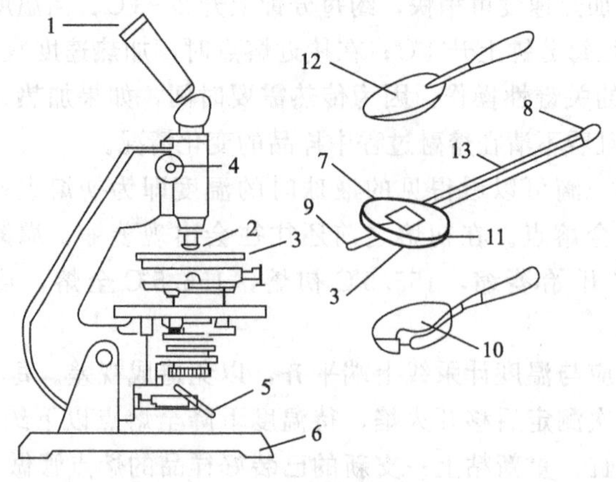

图 2-34 显微熔点测定仪

1—目镜；2—物镜；3—电加热台；4—手轮；5—反光镜；6—底座；
7—可移动的载玻片支持器；8—温度计套管；9—调节载玻片支持器的拨物圈；
10—金属散热板；11—连接可变电阻器插孔；12—表盖玻璃；13—温度计

e. 调节可变电阻的旋钮到与被测物的熔点相匹配。与仪器配套的可变电阻的刻度盘上往往直接标出相应的位置所能达到的温度上限，因而可以直接确定旋钮停留的最佳位置。然后接通电源，开始加热，观察温度变化并通过显微目镜观察样品的晶形变化。当晶体棱角开始变圆时即为初熔，当晶体刚刚全部消失，变为均一透明的液体时即为全熔，在此过程中可能会相伴产生其他现象，如晶形改变等，都要详细记录。

f. 测定完毕，切断电源，取下表盖玻璃和桥玻璃，用镊子小心地取下载玻片。如需再测一次或测定其他样品，可将金属散热板放在电热台上，待温度下降到熔点以下约 30℃时，取下金属散热板，换上另两片夹有样品的载玻片进行测定。

g. 全部测定结束，切断电源，拔下可调电阻的输出插头，取出温度计，旋下温度计套管。用脱脂棉球蘸取丙酮擦去载玻片上的样品，以丙酮洗净，收回原来的盒子，将各部件收回原来的位置。

显微熔点测定法中，样品也可以装在毛细管中，以电加热，通过放大镜观察样品熔融情况，称为电热熔点仪。

2.12.2 折射率的测定

测定折射率（又称折光率）最常用的仪器是阿贝（Abbe）折射仪。它具有消色散装置，故可以直接使用日光，所测得的数值与使用钠光所测得的一样。为了控制测定时的温度，阿贝折射仪通常与恒温水槽联用。

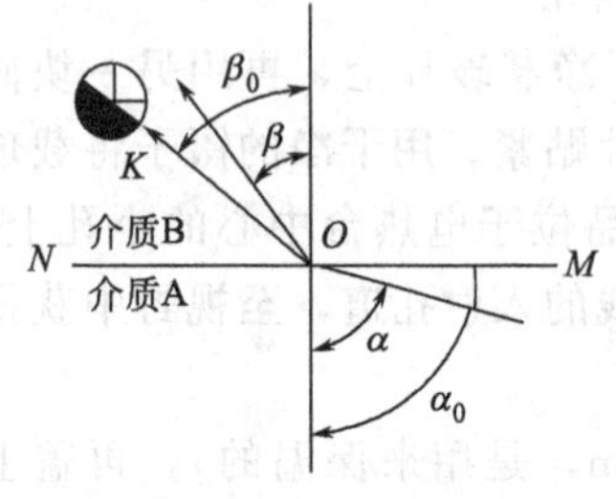

图 2-35 光的折射现象

(1) 测定的原理

光在不同的介质中有不同的传播速度。因而当光由一种介质进入另一种介质时，如果入射的方向与界面不垂直，则会在界面处改变前进的方向，即发生折射。如果是由光疏介质进入光密介质，则入射角总会大于折射角。如图 2-35 所示，当光由光疏介质 A 沿入射角为 α 的方向进入光密介质 B 时，在界面 O 处改变方向而沿折射角为 β 的方向前进，$\alpha>\beta$。而 β

的大小与介质密度、分子结构、温度及光的波长有关。根据折射定律，α 与 β 的正弦之比与这两介质的折射率成反比，即：

$$\frac{\sin\alpha}{\sin\beta}=\frac{n_B}{n_A}$$

式中，n_A 和 n_B 分别为介质 A 和 B 的折射率。若介质 A 为真空，则，$n_A=1$，这时 $n_B=\frac{\sin\alpha}{\sin\beta}$。若 α 增大，则 β 也相应增大。当 α 增大至 $\alpha_0=90°$时，$\sin\alpha_0=1$，折射角 β 也增大到最大值 β_0，这时光线沿 MOK 方向前进，且有 $n_B=\frac{1}{\sin\beta_0}$。在温度和入射光的波长固定时，$\beta_0$ 为一固定值，称为临界角，是介质 B 的特征值。

如果使 0°～90°的所有角度上都有同一种单色光自介质 A 进入介质 B，则经折射后在临界角以内的整个区间内都有光线通过，因而是明亮的；相反的，在临界角以外的区域内则完全没有光线通过，因而是黑暗的。在明暗两区域的分界线上 K 处设置目镜，则在目镜的视野中就会观察到一半明一半暗的现象。介质不同，临界角大小也不同，目镜中明暗区域分界线的位置也就不相同。如果在目镜中刻上十字交叉线，并调整目镜与介质 B 的相对位置，使明暗交界线刚好经过十字交叉线的交点，然后根据目镜位置变动的幅度进行换算，即可求得介质 B 的折射率。在实际使用的折射仪中，目镜位置的变动幅度是经过计算先做了刻度的，因而可以直接从刻度盘上读出介质 B 的折射率。

折射率是有机化合物的最重要的物理常数之一。由于它可以直接读出，且能精确到小数点后第四位，因而作为液体物质纯度的标准，它比沸点更为可靠。此外，利用折射率还可以鉴定未知物或确定沸点相近、结构相似的液体混合物的组成，因为结构类似，极性不大的液体混合物的折射率与各组分的物质的量之比常呈线性关系。液体化合物的折射率与其分子结构、入射光的波长及测定时的温度、压力有关。但大气压力的变化对测定结果的影响并不显著，所以，若非特别精密的工作，一般不考虑压力的影响。入射光一般用钠的黄光（$\lambda=5893$Å，1Å=0.1nm）。用 n 代表折射率，通常记作 n_D^t，其中 D 代表钠光，t 代表测定时的温度。例如水在 20℃时用钠光测定折射率为 1.33299，表示为 $n_D^{20}=1.33299$。

(2) 阿贝折射仪及如何测定液体化合物的折射率

在有机化学实验里，一般都用阿贝（Abbe）折射仪来测定折射率。在折射仪上所刻的读数不是临界角度数，而是已计算好的折射率，故可直接读出。由于仪器上有消色散棱镜装置，所以可直接使用白光作光源，其测得的数值与钠光的 D 线所测得结果等同。

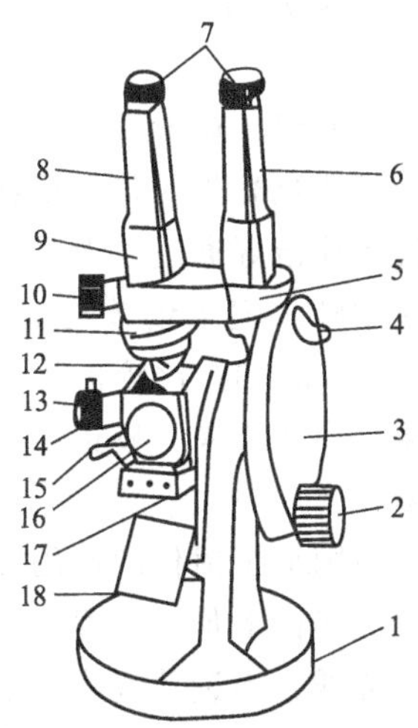

图 2-36 双目阿贝折射仪仪器结构

1—底座；2—棱镜转动手轮；3—圆盘组（内有刻度盘）；4—小反光镜；5—支架；6—读数镜筒；7—目镜；8—望远镜筒；9—示值调节螺丝；10—阿米西棱镜手轮；11—色散值刻度圈；12—棱镜锁紧扳手；13—棱镜组；14—温度计座；15—恒温器接头；16—保护罩；17—主轴；18—反光镜

阿贝折射仪现有两种形式：一种为双目镜，其结构如图 2-36 所示，另一种为单目镜，其结构如图 2-37 所示。

它们的主要结构都由两块棱镜组成，上面一块是光滑的，下面一块是磨砂的。测定时，将被测液体滴入磨砂棱镜，然后将两块棱镜叠合关紧。光线由反射镜入射到磨砂棱镜，产生漫射，以 0°～90°不同入射角进入液体层，再到

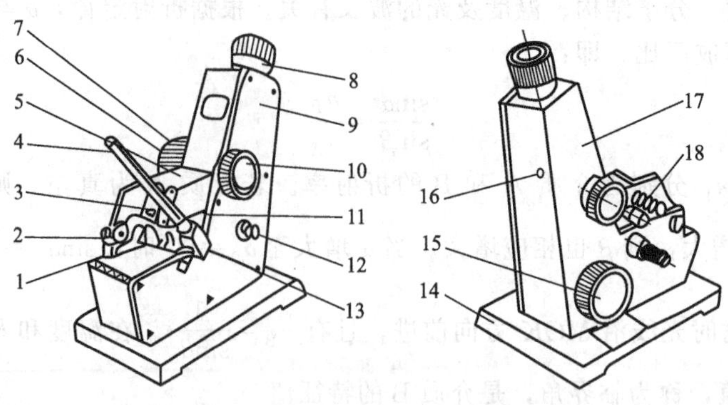

图 2-37 单目阿贝折射仪仪器结构

1—反射镜；2—转轴；3—遮光板；4—温度计；5—进光棱镜座；6—色散调节手轮；
7—色散值刻度圈；8—目镜；9—盖板；10—手轮；11—折射标棱镜座；12—照明刻度盘聚光灯；
13—温度计座；14—仪器的支承座；15—折射率刻度调节手轮；16—小孔；17—壳体；18—恒温器接头

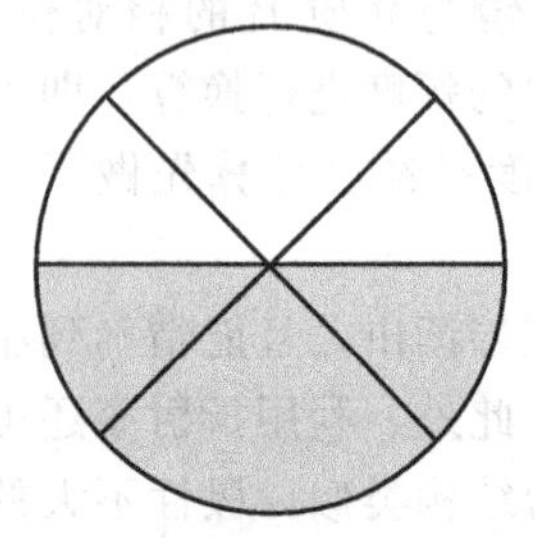

图 2-38 临界角时目镜视野图

达光滑棱镜，光滑棱镜的折射率很高（约 1.85），大于液体的折射率，其折射角小于入射角，这是在临界角以内的区域有光线通过，是明亮的，而临界角以外的区域没有光线通过，是暗的，从而形成了半明半暗的图像（图 2-38）。

双目阿贝折射仪的使用方法：先将折射仪与恒温槽相连接。恒温后，小心地扭开直角棱镜的闭合旋钮，把上下棱镜分开。用少量丙酮或乙醇或乙醚润湿冲洗上下两镜面，分别用擦镜纸顺一个方向把镜面擦干净。待完全干燥，使下面毛玻璃面棱镜处于水平状态，滴加一滴高纯度蒸馏水。合上棱镜，适当旋紧闭合旋钮。调节反射镜使光线射入棱镜。转动棱镜，直至从目镜中可观察到视场中有界线或出现彩色光带。若出现彩色光带，可调节消色散镜调节器，使明暗界线清晰，在转动棱镜，使界线恰好通过“十”字的交点，如图 2-38 所示。还需调节望远镜的目镜进行聚焦，使现场清晰。记下读数与温度，重复两次，将测得的纯水的平均折射率与纯水的标准值（n_D^{20} =1.33299）比较，就可求得仪器的校正值。然后用同样的方法，测定待测液体样品的折射率。一般说来，校正值很小。若数值太大的，必须请实验室专职人员或指导教师重新调整仪器。

单目阿贝折射仪的使用方法：①在开始测定前必须先用标准玻璃块校对读数，将标准玻璃块的抛光面上加一滴溴代萘，贴在折射棱镜的抛光面上，标准玻璃块抛光的一端应向上，以接受光线，当读数镜内指示于标准玻璃块上的刻度时，观察望远镜内明暗分界线是否在十字线中间，若有偏差，则用附件方孔调节扳手转动示值调节螺丝，使明暗分界线调整至中央，在以后测定过程中，螺丝不允许再动。②开始测定之前必须将进光棱镜及折射棱镜擦洗干净，以免留有其他物质影响测定精度（可用少量丙酮或乙醇或乙醚清洗）。③将棱镜表面擦干净后把待测液体用滴管加在进光棱镜的磨砂面上，旋转棱镜锁紧手柄，要求液体均匀无气泡并充满视场。④调节两反光镜，使二镜筒视场明亮。⑤旋转手柄使棱镜转动，在望远镜中观察明暗分界线上下移动，同时旋转阿米西棱镜手柄使视场中除黑白二色外无其他颜色，当视场中无色且分界线在十字线中心时观察读数棱镜视场右边所指示刻度值即为测出的折射率。⑥当测量糖溶液内含糖量浓度时，操作与测量液体折射率相同，此时应从读数镜视场左边所指示值读出，即为糖溶液含糖量浓度的百分数。⑦若需测量在不同温度时折射率，将温度计旋入温度计座内，接上恒温器，把恒温器的温度调节到所测量温度，待温度稳定10min后，即可测量。

使用折射仪时要注意不应使仪器暴晒于阳光下。要保护棱镜，不能在镜面上造成刻痕。在滴加液体样品时，滴管的末端切不可触及棱镜。避免使用对棱镜、金属保温套及其间的胶合剂有腐蚀或溶解作用的液体。

2.12.3 比旋光度的测定

（1）比旋光度测定原理

① 旋光度和比旋光度　光的本质是电磁波，电波和磁波均在与光的前进方向垂直的所有方向上振动。使光通过滤光片可获得单色光，但单色光仍然在与光的前进方向垂直的所有方向上振动。如果使单色光通过Nicol棱镜，棱镜只允许在某一个方向上振动的光通过，而在其他方向上振动的光不能通过，则透过棱镜的光就只能在一个平面内振动，这样的光叫作平面偏振光，简称偏振光或偏光。

某些有机化合物的分子具有手性，可以使偏光的振动平面旋转一定角度，这样的性质称为旋光性。具有旋光性的物质称为旋光物质或光学活性物质。旋光物质使偏光的振动平面旋转的角度称为旋光度，通常用α表示。不同种类的旋光物质，其旋光度一般不同，而同一种旋光物质在测定条件完全相同时具有固定不变的旋光度，但当条件不同时，测定的值就不相同。影响偏旋角度的因素有：溶液的浓度、温度、溶剂、光的波长以及光所通过的液层厚度。为了比较不同种旋光物质的旋光性能，需要有一个统一的比较标准，这个比较标准称为比旋光度。

纯液体的比旋光度：$[\alpha]_{\lambda}^{t}=\dfrac{\alpha}{ld}$

溶液的比旋光度：$[\alpha]_{\lambda}^{t}=\dfrac{\alpha}{lc}\times 100\%$

式中　l——旋光管的长度，即光所通过的液层厚度，dm；

d——密度；

c——溶液浓度（100mL溶液中所含样品的质量，以克计）；

$[\alpha]_{\lambda}^{t}$——旋光物质在温度为t℃、光的波长为λ时的比旋光度，如果所采用的光源为钠光（波长为5893Å），则用D表示，记为$[\alpha]_{D}^{t}$。

有些物质能使偏振光的振动平面向右（顺时针方向）旋转，称为右旋，以（+）号表示；另一些物质则能使偏振光的振动平面向左（逆时针方向）旋转，称为左旋，以（−）号表示。又由于溶剂能影响旋光度，所以一般在旋光度数据之后注明所用的溶剂。例如左旋果糖的比旋光度为：$[\alpha]_{D}^{20}=-93°$（水）；右旋酒石酸的5%乙醇溶液的比旋光度为：$[\alpha]_{D}^{20}=+3.79°$（乙醇，5%）。

② 旋光仪的测量原理

旋光仪的光路图和光路示意图见图2-39。

旋光仪有时也称为测旋仪，类型颇多，但其基本结构及原理是相似的。图2-39(a)表示旋光仪的光路图，其中a为单色光源，最常见者为钠光灯；b为聚焦透镜，其作用是将散射的光聚集成狭窄的一束；c为Nicol棱镜，它是由细心地打磨成特定角度的两块冰晶石或方

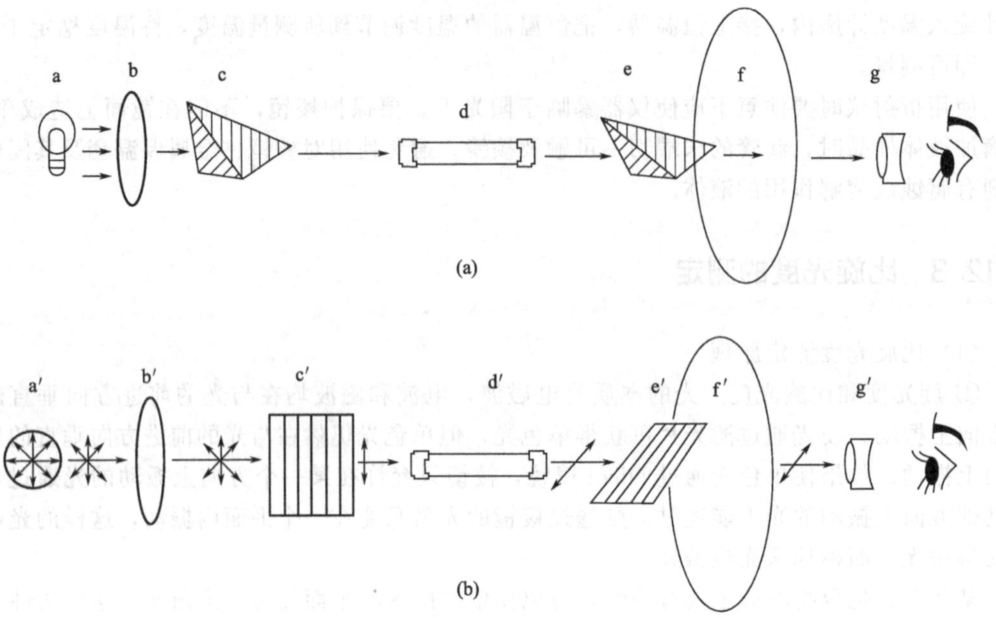

图 2-39 旋光仪的光路图（a）和光路示意图（b）

解石经光学透明的黏合剂黏合而成的，其作用是产生平面偏振光，因而也称为起偏镜；d 为盛待测液体的样品管，称为旋光管；e 为 Nicol 棱镜，称为检偏镜，其作用是检查平面偏振光通过待测液体后旋转的角度；f 为刻度盘，e 是连在 f 上并随 f 一起转动的；g 为目镜。图 2-39(b) 是旋光仪的光路示意图。由图中可以看到，自单色光源 a′发出的普通单色光首先经过聚焦透镜 b′而形成狭窄的一束，但仍在垂直于光的前进方向的各个方向上振动。经过起偏镜 c′后，只有沿一个方向振动的光波被透过，即变成了偏振光。偏振光通过旋光管 d′内的液体后，其振动的方向改变了一定角度，因而不能透过检偏镜 e′，只有将 e′也旋转同样的角度，才能使光线透过。但 e′是与刻度盘 f′连在一起的，e′的旋转即带动 f′一起旋转。当在目镜 g′中可以看到透过的光线时，刻度盘上的读数即是偏振光的偏振平面被样品旋转的角度，亦即旋光度。将测得的旋光度以及溶液浓度、旋光管长度等数据代入前面的公式，即可求得该物质的比旋光度。

(2) 旋光度的测定

测定比旋光度的仪器是旋光仪（也叫测旋仪），测定比旋光度的操作程序为：

a. 溶液的配制　如果待测物质为液体，可直接用于测定。如果为固体，可在分析天平上准确称取 0.10～0.50g，在 25mL 容量瓶中加溶剂溶解，并稀释至刻度。常用溶剂为水、乙醇或氯仿。溶液应该透明，无悬浮物，无沉淀物。

b. 零点的校正　在测定纯液体样品时，用空的旋光管进行校正，在测定溶液时，用装满溶剂的旋光管进行校正。先接通电源将灯丝加热 10min，放入旋光管，盖上盖子，转动粗动及微动手轮，使刻度盘的零读数在零标记号左右的小范围内移动，并从目镜中观察。从目镜中可以看到一个剖开的视场。当调整到视场的中间部分与其两边部分没有明显的界线，而且强度均匀［通常较暗，如图 2-40(b) 所示］时，观察刻度盘上的零读数与零标记号是否相符。如有较小偏差，重复操作至少五次，求取平均值，作为该仪器的校正值；如果偏差太大，则需重新校正。

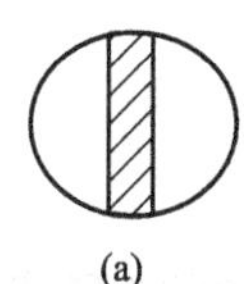

(a)

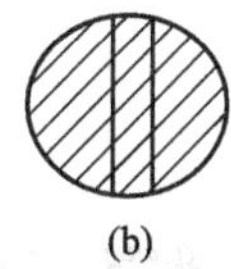

(b)

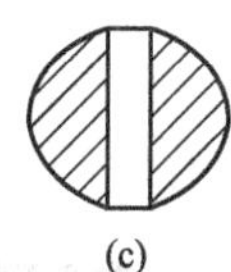

(c)

图 2-40　旋光仪目镜中剖开的视场图像

(a) 一边太远；(b) 调节正确；(c) 另一边太远

c. 装样　将旋光管的一端用玻璃盖和铜帽封紧，然后将未封的一端向上竖起，注入待测液体或溶液直至凸起的液面高于管口，将封管玻璃盖紧贴在管口一边并沿管口平推过去，至恰好盖住管口，使管内不含空气泡。旋上铜帽至液体不能漏出，但亦不宜过紧，以免损伤管口或玻璃盖。普通的旋光管在靠近其一端的地方有一段膨大的部分，在装好样品后将该端向上倾斜并轻轻扣拍管身，使样液中残留的微气泡集中于该膨大部分而离开光的通路。在向旋光仪中放置旋光管时，也应使靠近膨大部分的一端向上倾斜。

d. 测定和计算　接通电源加热灯丝 10min 后放入装好的旋光管，按照在校正零点时的操作方法反复测定五次以上，求取平均值，再以前面得到的校正值进行校正，将校正后的数据代入公式即可计算出其比旋光度。例如 0.7276g 盐酸麻黄素溶于水配成的 25mL 溶液在 29℃下测定，旋光管长 1dm，测得旋光度为左旋 0.9931°，则其比旋光度：

$$[\alpha]_D^{29}=\frac{(-0.993)\times 100}{1\times 0.7276\times 4}=-34.12(°)$$

第3章 基础有机化学实验

实验一 熔点测定和温度计的校正

一、实验原理

1.温度计产生误差的原因

实验室中使用的普通温度计，大多数不能测量出绝对正确的温度。产生误差的主要原因有两个方面：一方面是温度计标定时的条件与使用时的条件不完全相同。温度计的标定可分为全浸式和半浸式两种，全浸式温度计的刻度是在汞线完全均匀受热的条件下标定的，而使用时只有一部分汞线受热，所以有误差是必然的。半浸式温度计的刻度是在有一半汞线受热的条件下标定出来的，较为接近使用时的条件，但在使用时汞线受热部分的长短及周围环境的温度也不会与标定时完全相同，所以也会有误差。另一方面，温度计的毛细管不会绝对均匀。温度计长期处于高温或低温下会使毛细管产生永久性体积形变，这些原因都可能造成读数误差。生产实践和科学研究中，对于温度测量的精确度要求有时较为粗略，有时较为精细。在要求精确测定温度的场合下，就需要对所用的温度计进行校正。

2.温度计校正的两种方法

(1) 用标准温度计校正

取一支标准温度计在不同的温度下与待校正的温度计相比较，作出温度计校正曲线。

(2) 用标准样品校正

在测定固体的熔点时，假定温度计的读数是正确的，用它来确定样品的熔点；在校正温度计时，则是选定若干已知的纯净固体样品，它们的熔点温度是经过精确测定的，将这些熔点温度与温度计的读数相比较，作出温度计校正曲线。

3.温度计校正曲线的绘制

温度计校正曲线的纵坐标通常是温度计的直接读数，横坐标可以是真实温度，也可是读数与真实温度的差值。由于后者对于较小的温度误差都会引起曲线形状的较大变化，较为灵敏，故应用更广一些。如果误差完全是由温度计标定时和使用时的条件差别所造成的，则绘出的曲线应该是线性或接近线性的，如果误差是由温度计毛细管不均匀、样品不纯、测定的操作失误等偶然原因所致，则曲线可能具有正、负两方面的偏差而不呈线性。图 3-1、图 3-2 分别表示了这两种情况。

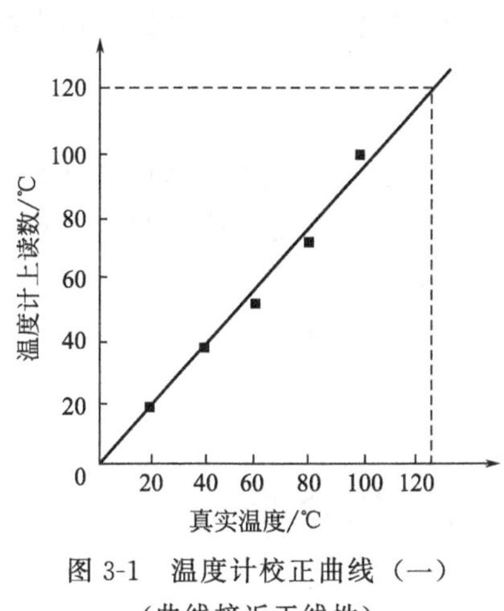

图 3-1 温度计校正曲线（一）
（曲线接近于线性）

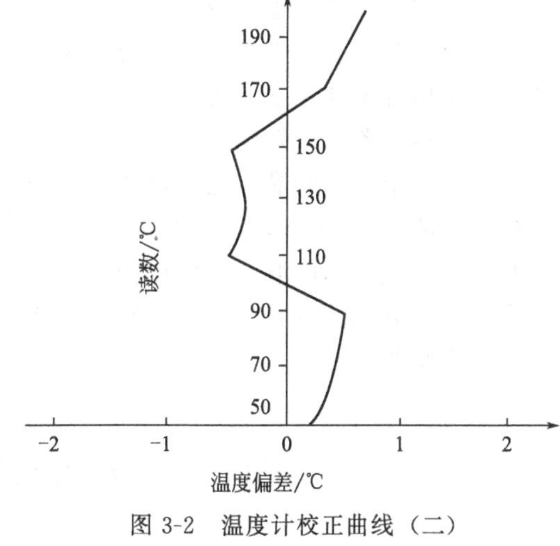

图 3-2 温度计校正曲线（二）
（曲线不呈线性）

当测定晶体化合物的熔点时，使用标准的或经过校正的温度计来测量物质处于固-液相平衡时的温度；当校正温度计时，选用标准的、纯净的晶体化合物，相信它们的熔融温度符合文献记载的标准数据，观察在它们处于固-液相平衡时温度计的读数，计算其与标准数据的偏差，绘出校正曲线。校正温度计常用的标准样品列于表 3-1 中。

表 3-1 校正温度计常用的标准样品

样品名称	纯度	标准熔点/℃	样品名称	纯度	标准熔点/℃
蒸馏水-冰	—	0	苯甲酰胺	A. R.	128
二苯胺	A. R.	54～55	尿素	A. R.	135
苯甲酸苯酯	A. R.	69	水杨酸	A. R.	159
萘	A. R.	80.55	对苯二酚	A. R.	173.4
间二硝基苯	A. R.	90	T-酸(琥珀酸)	A. R.	189
乙酰苯胺	A. R.	114.3	3,5-二硝基苯甲酸	A. R.	205
苯甲酸	A. R.	122.5			

二、实验步骤

1. 选择样品

从表 3-1 中选取 5～7 个标准样品，依照熔点由低到高的顺序排列，使每相邻两样品的熔点差距尽可能相等或相近。

2. 测定操作

选用量程为 250℃或大于 250℃的温度计，以浓硫酸作载热液，按照如前所述的测定程序和方法，从熔点最低的样品开始测定，逐个测完所选的样品。每个样品测 2～3 次，每次以初熔点与全熔点的平均值为熔点，再将各次所测熔点的平均值作为该样品的最终测定结果。

零点的测定最好用蒸馏水和纯冰的混合物。在一个 15～2.5cm 的试管中放置蒸馏水 20mL，将试管浸在冰盐浴中至蒸馏水部分结冰，用玻璃棒搅动使之成冰水混合物，将试管自冰盐浴中取出，然后将温度计插入冰水混合物中，轻微搅动混合物，到温度恒定 2～3min 后读数。

3.绘制温度计校正曲线

以测定结果为纵坐标，以其与表 3-1 所列的标准熔点数据的偏差值为横坐标，描出相应的点，绘出温度计校正曲线。

4.测定或鉴定未知样品

领取一个未知的晶体化合物样品，先粗测一次，确定大致的熔点范围，然后像已知样品那样仔细测定 2～3 次，取平均值。最后将所得结果用自己绘制的温度计校正曲线校正，求出其真实熔点。也可取两个熔点相同或非常接近的晶体样品，分别测定熔点后再以不同比例混合研细并分别测定其熔点，以确定这两个晶体样品是否为同一种化合物。

本实验约需 8h。

实验二　工业乙醇的简单蒸馏和分馏

一、实验目的

1.学习简单蒸馏的原理及其操作方法。

2.学习简单分馏的方法并与简单蒸馏进行比较。

二、实验原理

工业乙醇因来源和制造厂家的不同，其组成不尽相同，主要成分为乙醇和水，除此之外一般含有少量低沸点杂质和高沸点杂质，还可能溶解有少量固体杂质。通过简单蒸馏可以将低沸物、高沸物及固体杂质除去，但水可与乙醇形成共沸物。

最低共沸体系是由水和乙醇组成的体系。无论这个体系的起始组成如何，当对它加热时，总是在 78.15℃沸腾，沸点温度既低于水的沸点（100℃），也低于乙醇的沸点（78.85℃），而且馏出液的组成固定不变（乙醇 95.57%，水 4.43%，质量比），故不能将水和乙醇完全分开。蒸馏所得的是含 95.6%乙醇和 4.4%水的混合物，相当于市售的 95%乙醇。直至其中一个组分被完全蒸出，然后温度迅速上升至另一个组分的沸点，得到另一组分物质。

三、药品与仪器

1.药品：乙醇

2.仪器：电热套，50mL 圆底烧瓶，蒸馏头，直形冷凝管，尾接管，分馏柱，温度计，温度套管。

四、实验步骤

1.蒸馏步骤

选用 50mL 圆底瓶作为蒸馏瓶，按图 3-3 装配仪器。注意各仪器接头处应对接严密。安装完毕后拔下温度计，放上长颈三角漏斗。通过三角漏斗注入 25mL 乙醇-水混合物。取下三角漏斗，投入 2～3 粒沸石，重新装上温度计。开启冷却水（注意水流方向应自下而上），点燃煤气灯，通过水浴加热。观察瓶中产生气雾的情况和温度计的读数变化。当气雾

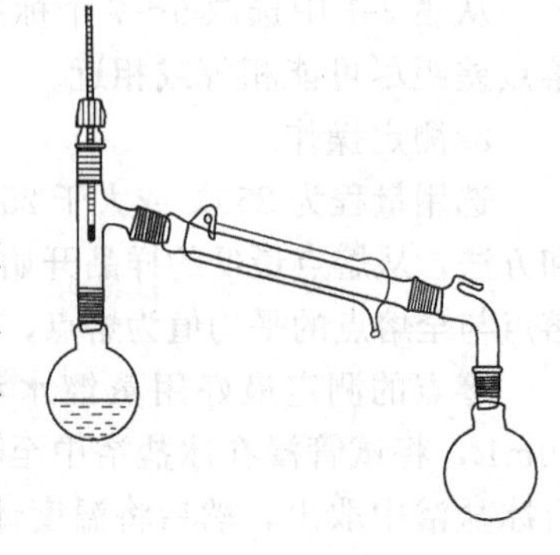

图 3-3　简单蒸馏装置

升至接触温度计的水银球时，温度计的读数会迅速上升，调小火焰使沸腾不致太激烈。控制冷凝管流出液滴的速度为每秒钟 1～2 滴，记下蒸馏出第一滴液体时的温度。然后记录 2.5mL、3.0mL、4.0mL、…各馏出液体积及其对应的温度值，当蒸馏瓶中的残液剩余 2～3mL 时，结束实验，不宜将液体蒸干。并以馏出液体积和对应的温度作蒸馏曲线。

2.分馏步骤

选用 50mL 圆底瓶作为蒸馏瓶，按图 3-4 装配仪器。其他操作与蒸馏相同，控制冷凝管流出液滴的速度为每 2～3s 1 滴，如分馏速度太快，产物纯度将下降。记下馏出第一滴液体时的温度。然后记录 2.5mL、3.0mL、4.0mL、…各馏出液体积及其对应的温度值，当蒸馏瓶中的残液剩余 2～3mL 时，结束实验，不宜将液体蒸干。并以馏出液体积和对应的温度作分馏曲线。

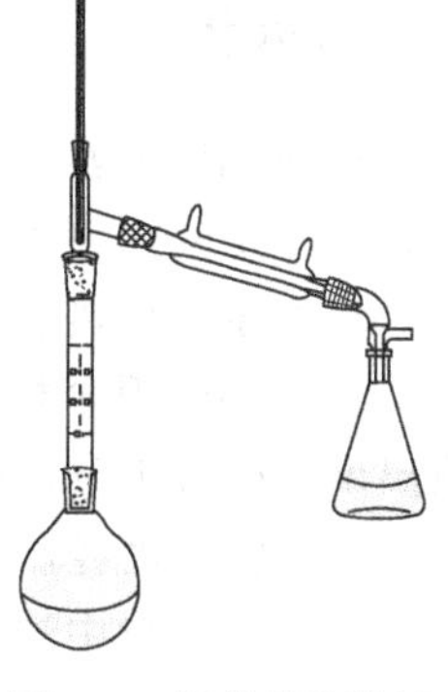
图 3-4　简单分馏装置

实验结束，熄灭火焰，移开热浴，稍冷后关闭冷却水，取下接收瓶，拆除装置，清洗仪器。

本实验约需 2～3h。

五、注释

见 2.6.2 简单蒸馏相关章节。

六、思考题

1.为什么蒸馏系统不能密闭？

2.为什么蒸馏时不能将液体蒸干？

3.加入沸石的目的与作用是什么？

4.蒸馏时，温度计水银球上无液滴意味着什么？

5.拆、装仪器的顺序是怎样的？

实验三　环己烯的制备

（参阅蒸馏与分馏相关章节）

一、实验目的

1.学习醇类催化脱水制取烯烃的原理和方法。

2.学习蒸馏、分馏和液体干燥等操作。

二、实验原理

主反应：

$$\text{C}_6\text{H}_{10}(\text{H})(\text{OH}) \xrightarrow[\triangle]{85\%\,H_3PO_4} \text{C}_6\text{H}_{10} + H_2O$$

醇的脱水是在强酸催化下的单分子消除反应。酸使醇羟基质子化，使其易于离去生成碳正离子，后者失去一个质子生成烯烃。副反应会生成醚。

三、药品与仪器

1. 药品：环己醇 9.6g（10mL，0.096mol）；85％磷酸 5mL；饱和食盐水；无水氯化钙。

2. 仪器：电热套；50mL 圆底烧瓶；蒸馏头；直形冷凝管；尾接管；分馏柱；温度计；温度套管。

四、实验步骤

在 50mL 干燥的圆底烧瓶中，加入 10mL 环己醇[1]，在摇动下将 5mL 85％磷酸逐滴滴入其中并充分摇匀[2]，再投入数粒沸石。按图 3-4 装配仪器，用 25mL 量筒作接收器。

小火缓慢加热液体使之微沸，调火焰并严格稳定加热强度，使产生的气雾缓缓上升，经历 10～15min 升至柱顶[3]，再次调节并稳定加热强度，使出料速度为 2～3 秒一滴。反应前段温度会缓缓上升，控制柱顶温度不超过 73℃[4]，反应后段出料速度会变得很慢，可稍稍加大火焰将温度控制在 90℃以下。当反应瓶中只剩下很少残液并出现阵发性白雾时停止加热。记录粗产物中油层和水层的体积，从开始有液体馏出到反应结束约需 60min。

将粗产物放入小锥形瓶中，用滴管吸去水层。然后加入等体积的饱和食盐水，充分振荡后静置分层。用滴管分去水层，将油层转移到一干燥的小锥形瓶中，加入少量的无水氯化钙干燥至液体完全澄清透明[5]。

将干燥好的粗产物移入干燥的 50mL 圆底烧瓶中，按图 3-3 装配仪器并进行简单蒸馏。收集 82～85℃馏分，称重计算收率。

纯环己烯为无色液体，沸点 82.98℃，n_D^{20} 1.4465，d_4^{20} 0.8102。

本实验约需 4h。

五、注释

［1］常温下环己醇为黏稠液体（b.p.24℃），最好直接称入反应瓶以避免黏附损失。如果用量筒量取，则在计量时应将量筒内壁黏附的量考虑在内。

［2］摇匀已生成环己醇的鉾盐或磷酸氢酯，这是反应的中间产物。如不充分摇匀，则会有游离态磷酸存在，当加热时在磷酸的界面处会发生局部炭化，反应液迅速变为棕黑色。

［3］气雾上升过快时，来不及建立平衡；上升得不平稳则会破坏平衡。这两种情况都会降低分馏效率。

［4］反应过程中会形成以下三种共沸物：a. 烯-水共沸物，b.p.70.8℃，含水 10％；b. 烯-醇共沸物，b.p.64.9℃，含醇 30.5％；c. 醇-水共沸物，b.p.97.8℃，含水 80％。其中 a 和 b 是需要移出反应区的，c 则是希望不被蒸出的，故应将柱顶温度控制在 90℃以下。

［5］无水氯化钙除起干燥作用之外，还兼有除去部分未反应的环己醇的作用。干燥应充分，否则在蒸馏过程中残留的水分会与产物形成共沸物，从而使一部分产物损失在前馏分中。如果已经出现了前馏分（80℃以下馏分）过多的情况，则应将该前馏分重新干燥并蒸馏，以收回其中的环己烯。

六、思考题

1. 醇类的酸催化脱水反应的机理是怎样的？

2. 在处理粗产物环己烯中，加入氯化钠的目的是什么？

3. 在制备环己烯时反应后期出现的阵发性白雾是什么？

实验四　正溴丁烷合成

（参阅回流相关章节）

一、实验目的

1. 了解从正丁醇制备正溴丁烷（1-溴丁烷）的原理及方法。

2. 初步掌握回流、气体吸收装置及分液漏斗的使用。

二、实验原理

正溴丁烷（*n*-butylbromide）是通过正丁醇与氢溴酸反应制备而成的。氢溴酸是一种极易挥发的无机酸，无论是液体还是气体刺激性都很强。因此，在本实验中采用溴化钠和硫酸作用产生氢溴酸的方法，并在反应装置中加入气体吸收装置，将外逸的氢溴酸气体吸收，以免造成对环境的污染。在反应中，过量的硫酸还可以起到移动平衡的作用，通过产生更高浓度的氢溴酸促使反应加速，还可以将反应中生成的水质子化，阻止卤代烷通过水的亲核进攻而返回到醇。

主反应：

$$NaBr + H_2SO_4 \longrightarrow HBr + NaHSO_4$$

$$n\text{-}C_4H_9OH + HBr \xrightarrow{H_2SO_4} n\text{-}C_4H_9Br + H_2O$$

副反应：

$$n\text{-}C_4H_9OH \xrightarrow{H_2SO_4} CH_3CH_2CH{=}CH_2 + H_2O$$

$$2n\text{-}C_4H_9OH \xrightarrow{H_2SO_4} (n\text{-}C_4H_9O)_2O + H_2O$$

$$2NaBr + 3H_2SO_4 \longrightarrow Br_2 + SO_2\uparrow + 2H_2O + 2NaHSO_4$$

三、药品与仪器

1. 药品：正丁醇 5g（6.2mL，0.068mol）；溴化钠（无水）8.3g（0.08mol）；无水氯化钙；浓硫酸（相对密度为 1.84）10mL（0.18mol）；饱和碳酸钠溶液。

2. 仪器：电热套；回流冷凝装置；蒸馏装置。

四、实验步骤

在 100mL 圆底烧瓶中，加入 6.2mL 正丁醇，8.3g 研细的溴化钠（若溴化钠纯度低，则此处需加 11.2g 溴化钠）和 1～2 粒沸石[1]，组装加热回流装置。在一个小锥形瓶中加入 7mL 水，将锥形瓶放在冷水浴中冷却，一边摇荡，一边慢慢加入 10mL 浓硫酸，混合均匀。将稀释后的硫酸分 4 次从冷凝管上端加入烧瓶中，每加一次都要充分振荡烧瓶，使反应物混合均匀。在冷凝管上口装好气体吸收装置。用 5%氢氧化钠作吸收液。用小火加热烧瓶至沸腾，保持回流 30min。

反应完成后，将反应物冷却 5min。卸下回流冷凝管，再加入 1～2 粒沸石。用 75°弯管连接冷凝管进行蒸馏。仔细观察馏出液，直到无油滴蒸出为止[2]。

将粗产物倒入分液漏斗中（见液-液萃取章节“分液漏斗的使用方法”），将油层从下面放入一个干燥的小锥形瓶中，然后用 3mL 浓硫酸分两次加入瓶内，每加一次都要充分振荡锥形瓶。如果混合物发热，可用冷水浴冷却。将混合物慢慢倒入分液漏斗中，静置分层，放出下层的浓硫酸[3]。油层依次用 10mL 水，5mL 10%碳酸钠溶液和 10mL 水洗涤[4]，分出水层，将下层的粗 1-溴丁烷放入干燥的小锥形瓶中，加入适量的无水氯化钙干燥，间歇振荡锥形瓶直到液体澄清为止[5]（若一次实验无法完成，可在此处停下来）。

用长颈三角漏斗将干燥的粗产物倒入 50mL 蒸馏烧瓶中。投入 1～2 粒沸石，安装好蒸馏装置进行蒸馏，收集 99～102℃时的馏分，产量约 6.5g。

纯的正 1-溴丁烷为无色透明液体，沸点为 101.6℃，d_4^{20} 为 1.276，n_D^{22} 为 1.4399。

五、注释

[1] 按操作要求的顺序加料。

[2] 正溴丁烷粗品是否蒸完，可用以下三种方法进行判断：①馏出液是否由混浊变为清亮；②蒸馏瓶中液体上层的油层是否消失；③取一表面皿收集几滴馏出液，加入少量水摇动，观察是否有油珠存在，无油珠时说明正溴丁烷已蒸完。

[3] 分液时，根据液体的密度来判断产物在上层还是在下层，如果一时难以判断，应将两相全部留下来。

[4] 洗涤后产物如有红色，说明含有溴，应再加适量饱和亚硫酸氢钠溶液进行洗涤，可将溴全部去除。

[5] 正丁醇和正溴丁烷可以形成共沸物（沸点为 98.6℃，含质量分数为 13%的正丁醇），蒸馏时很难去除。因此在用浓硫酸洗涤时，应充分振荡。

六、思考题

1. 本实验可能有哪些副反应发生？
2. 各洗涤步骤的目的是什么？
3. 加原料时如不按实验操作顺序加入会出现什么后果？

实验五 乙酸正丁酯的合成

（参阅回流、干燥、萃取相关章节）

一、实验目的

1. 了解酸催化合成有机酸酯的原理及方法。
2. 掌握回流分水、洗涤和干燥的基本操作。

二、实验原理

反应：

$$CH_3-\overset{O}{\overset{\|}{C}}-OH + CH_3CH_2CH_2CH_2OH \xrightleftharpoons{H^+} CH_3-\overset{O}{\overset{\|}{C}}-OCH_2CH_2CH_2CH_3 + H_2O$$

三、药品与仪器

1. 药品：正丁醇 9.3g（11.5mL，0.125mol）；冰醋酸 7.5g（7.2mL，0.125mol）；浓

硫酸；10%碳酸钠溶液；无水硫酸镁。

2. 仪器：电热套；50mL 圆底烧瓶；分水器；蒸馏头；直形冷凝管；尾接管；分馏柱；温度计；温度套管。

四、实验步骤

按图 3-5 安装仪器；在分水器中预先加入一定量的水（略低于支管口 5mm 左右），并做好记号。

在干燥的 100mL 圆底烧瓶中加入 11.5mL 正丁醇和 7.2mL 冰醋酸，滴入 3～4 滴浓硫酸[1]，混合均匀，再加入沸石 2 粒。开始在石棉网上加热回流，反应一段时间后把生成的水分去，保持分水器水层液面在原来的高度。反应约 40min 后不再有水生成，表示反应完毕。停止加热，记录分出的水量[2]。冷却后卸下回流冷凝管，把分水器中分出的酯层和圆底烧瓶中的反应液一起倒入分液漏斗中。用 10mL 水洗涤，分去水层。酯层用 10mL 10%碳酸钠水溶液洗涤，使酯层 pH 值等于 7（用石蕊试纸检验不变红为止），再用 10mL 水洗涤一次，分去水层，酯层倒入一个干燥的锥形瓶中，用无水硫酸镁干燥。

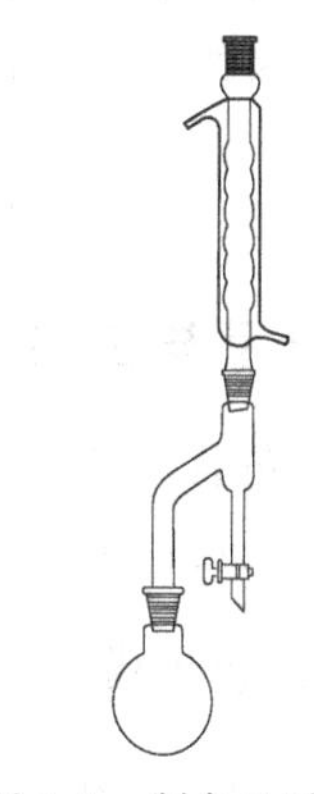

图 3-5　制备乙酸正丁酯的回流分水装置

将干燥后的乙酸正丁酯倒入干燥的 50mL 蒸馏烧瓶中（注意不要把硫酸镁倒进去!），加入沸石，进行常压蒸馏，收集 124～126℃之间的馏分，前、后馏分倒入指定的回收瓶中。

产量约为 10～11g，产率约为 68%～75%。

纯品乙酸正丁酯（*n*-butyl acetate）是无色透明的液体，沸点为 126.1℃，d_4^{20} 为 0.0882。

五、注释

[1] 滴加浓硫酸时，要边加变摇，以免局部炭化，必要时可用冷水冷却。

[2] 本实验利用形成的共沸混合物将生成的水去除。共沸物的沸点为：乙酸正丁酯-水的沸点 90.7℃，正丁醇-水的沸点 93℃，乙酸正丁酯-正丁醇的沸点 117.6℃，乙酸正丁酯-正丁醇-水的沸点 90.7℃。

六、思考题

1. 本实验根据什么原理将水分出？
2. 分水的目的是什么？
3. 本实验中如果控制不好反应条件，会发生什么副反应？

实验六　季铵盐的制备

（参阅回流、抽滤馏、过滤相关章节）

一、实验目的

1. 了解季铵盐的主要性质和用途。

2. 掌握氯化苄基三乙胺的合成原理和方法。

二、实验原理

季铵盐是一类重要的化合物，在有机合成中常被用作相转移催化剂，在工业上是一种重要的阳离子表面活性剂。常用季铵盐的合成方法有两种：从伯、仲、叔胺制取季铵盐；低级叔胺与卤代烃反应制取季铵盐。本实验采用氯苄和三乙胺制备氯化苄基三乙胺，反应方程式如下：

$$C_6H_5CH_2Cl+(C_2H_5)_3N \longrightarrow C_6H_5CH_2N^+(C_2H_5)_3Cl^-$$

三、药品与仪器

1. 药品：氯苄，三乙胺，丙酮，1,2-二氯乙烷。

2. 仪器：电热套，100ml 圆底烧瓶，球形冷凝管，抽滤装置

四、实验步骤

【方法 1】在 100mL 干燥的圆底烧瓶中加入 8mL 氯苄、12mL 三乙胺和 30mL 丙酮，加入沸石，安装回流装置，如图 3-6(a)，加热回流[1] 约 3h，注意回流速度。停止加热，反应液冷却后有结晶析出，抽滤，尽量挤干液体。晶体用少量丙酮洗涤两次后干燥[2]，称重。

【方法 2】取 5g（7mL）三乙胺、6g（6mL）氯苄、20mL 1,2-二氯乙烷放入一个装有电动搅拌器、回流冷凝管及温度计的 100mL 干燥的圆底烧瓶中如图 3-6(b)，在搅拌下，于水浴上加热反应物至刚刚沸腾，保持回流 2h。反应完毕后，用冷水浴将反应物冷至室温，很快析出白色针状结晶，放置片刻后，过滤，并用 20mL 二氯乙烷分两次冲洗，抽干，烘干，称重并测产物熔点（186℃）。

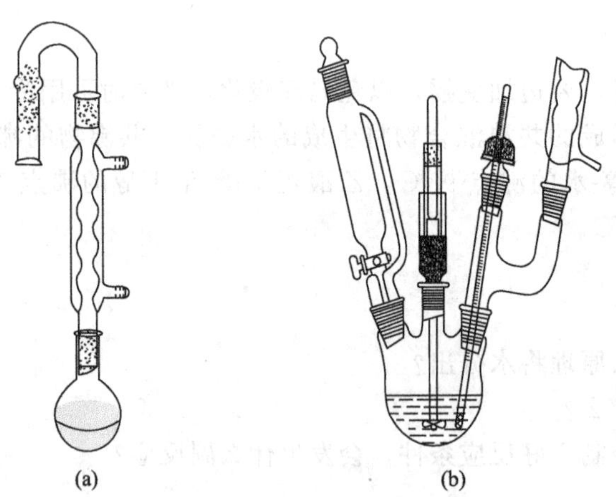

图 3-6　制备季铵盐的回流装置

五、注释

[1] 为了避免三乙胺挥发，反应液回流速度要慢，也可以将反应物混合均匀后塞紧瓶塞，放置一周。

[2] 产物很容易吸水，可以放置在真空干燥器内进行干燥。

六、思考题

1. 溶剂的作用有哪些?
2. 还可以用什么方法制备季铵盐?
3. 季铵盐如何转化为季铵碱，反应方程式如何写?

实验七　肉桂酸的制备

（参阅水蒸气蒸馏和熔点的测定）

一、实验目的

1. 了解肉桂酸的制备原理和方法。
2. 学习简易水蒸气蒸馏等操作。

二、实验原理

利用普尔金（Perkin）反应，将芳醛和一种酸酐混合后，在相应的羧酸盐存在下加热，发生羟醛缩合反应，再脱水生成α,β-不饱和酸。其反应式如下：

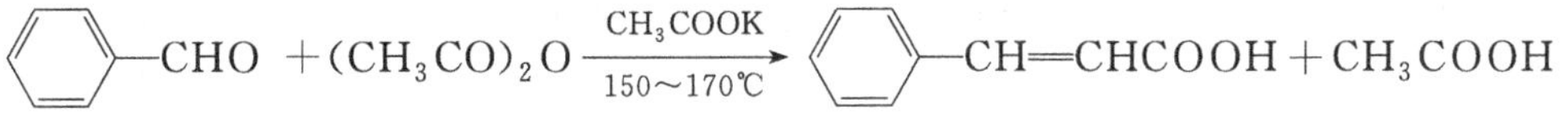

$$C_6H_5\text{—}CHO + (CH_3CO)_2O \xrightarrow[150\sim170^{\circ}C]{CH_3COOK} C_6H_5\text{—}CH{=}CHCOOH + CH_3COOH$$

三、药品与仪器

1. 药品：新蒸馏的苯甲醛 3.2g（3mL，0.03mol）；乙酸酐 6g（5.5mL，0.06mol）；活性炭；新熔融的 92%的无水乙酸钾 3.6g（0.03mol）；饱和碳酸钠；浓盐酸；pH 试纸。

2. 仪器：电热套，100mL 圆底烧瓶，Y 形管；空气冷凝管；水蒸气蒸馏装置；抽滤装置。

四、实验步骤

在干燥的 250mL 圆底烧瓶中放入 3.6g 新熔融并研细的 92%的无水乙酸钾、3mL 新蒸馏过的苯甲醛[1] 和 5.5mL 乙酐[2]，振荡使三者混合。用 Y 形管装配空气冷凝管和温度计，装置见图 3-7，其温度计的水银球应插入反应混合物液面下但不要碰到瓶底，在石棉网上加热回流约 40min，反应液的温度保持在 150～170℃。由于反应初期逸出二氧化碳而有泡沫生成。

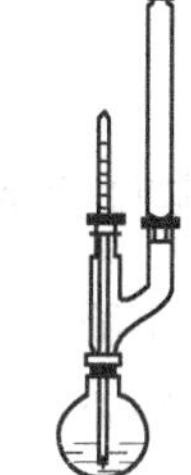
图 3-7　制备装置

待反应混合物冷却后向烧瓶中加入 25～45mL 水，小心将烧瓶中的固体捣碎。一边充分摇动烧瓶，一边慢慢地加入饱和碳酸钠溶液直到反应混合物呈碱性，然后进行水蒸气蒸馏，除去未反应的苯甲醛，水蒸气蒸馏装置见图 2-14。蒸至馏出液不再含有油珠时，停止蒸馏（将馏出液倒入指定的回收瓶内）。

冷却后，在剩余液体中加入少许活性炭，加热煮沸 10min，趁热过滤。将滤液小心地用浓盐酸酸化（酸化和结晶过程中不要搅拌），使 pH<3，有大量白色晶体析出。再用冷水浴冷却使结晶完全。待肉桂酸完全析出后，抽滤，晶体用少量冷水洗涤，挤压、抽干水分后，将晶体转移到干净的滤纸上，在 100℃以下干燥或在空气中晾干[3]。待

测熔点（方法见熔点的测定）。

产量：2～2.5g，收率54.5%～63.6%[4]。

肉桂酸有顺反异构体，通常人工合成的均以反式异构体存在，反式异构体为无色晶体，m.p.133℃，b.p.300℃，d_4^4 为1.2475。

实验所需时间：7h。

五、注释

[1] 久置的苯甲醛由于自动氧化而含苯甲酸，苯甲酸在产物中不易除尽，会影响产物质量，故本反应需新蒸馏苯甲醛，截取170～180℃馏分供实验使用。

[2] 乙酸酐久置会吸收空气中水分而水解为乙酸，故使用前需纯化蒸馏。

[3] 如用红外灯干燥，注意温度不要过高。

[4] 本实验的产物熔点一般为131.5～133℃，可直接用于后续的氢化实验。如果熔点低于131.5℃，可用50%乙醇重结晶纯化，也可用其他溶剂进行重结晶，参见表3-2。

表3-2 肉桂酸在不同溶剂中的溶解度

温度/℃	肉桂酸溶解度 /(g/100g 水)	肉桂酸溶解度 /(g/100g 无水乙醇)	肉桂酸溶解度 /(g/100g 糠醛)
0			0.6
25	0.06	22.03	4.1
40			10.9

六、思考题

1. 具有何种结构的醛能进行普尔金反应？
2. 用苯甲醛和丙酸酐在无水丙酸钾存在下相互作用后得到什么产物？
3. 用水蒸气蒸馏除去什么？能不能不用水蒸气蒸馏？

实验八 乙酸乙烯酯的乳液聚合

（参阅搅拌方法及自由基反应相关知识）

一、实验目的

1. 了解乳液聚合特点、配方及组分的作用。
2. 熟悉聚乙酸乙烯酯乳胶的制备方法。

二、实验原理

乳液聚合是指单体在乳化剂的作用下分散在介质中，加水溶性引发剂，在搅拌下进行的非均相聚合反应。它既不同于溶液聚合，也不同于悬浮聚合。乳化剂是乳液聚合的重要组分。乳液聚合的引发、增长、终止都在胶束和乳胶粒中进行，单体液滴只是贮藏单体的仓库。反应速率主要取决于粒子数。乳液聚合具有快速、聚合分子量高的特点。

乙酸乙烯酯的乳液聚合机理与一般的乳液聚合相同，采用过硫酸盐为引发剂。为使反应平稳进行，单体和引发剂均需分批加入。本实验采用的乳化剂是十二烷基苯磺酸钠。

三、药品与仪器

1.药品：聚乙烯醇 1.5g；乙酸乙烯酯 23mL；十二烷基磺酸钠 0.5g；过硫酸钾 0.1g；碳酸氢钠水溶液 5%。

2.仪器：l00mL 三口烧瓶；搅拌器；水浴装置；温度计；球形冷凝管。

四、实验步骤

1.反应液的制备

① 聚乙烯醇的溶解：在装有搅拌器、温度计（150℃）和球形冷凝管的 100mL 三口烧瓶中加入 20～30mL 去离子水[1] 和 0.5g 十二烷基苯磺酸钠，开动搅拌并逐渐加入 1.5g 聚乙烯醇，然后加热升温到 80～90℃下保温 1.5～2h，直到聚乙烯醇全部溶解，冷却至 50℃备用。

② 过硫酸钾水溶液的配制：将 0.1g 过硫酸钾溶在 4mL 去离子水中制成溶液，备用。

2.聚合

将 6mL 新蒸馏过的乙酸乙烯酯和 2mL 过硫酸钾溶液加到上述①的三口烧瓶中，边搅拌边升温，待温度升到 71℃时[2]（在 65～75℃之间均可)，保温回流，当回流基本结束，三口烧瓶中的液体变白时，分 4 次在 1.5～2h 内将 17mL 乙酸乙烯酯缓慢地加入三口烧瓶中，同时按比例滴加余下的 2mL 过硫酸钾水溶液[3]，加料完毕后升温到 90～95℃至无回流为止[4]，冷却至 50℃，用 5%碳酸氢钠溶液调整 pH=5～6[5]，然后慢慢加入 2g 邻苯二甲酸丁酯（邻苯二甲酸丁酯为增塑剂，本实验中不加也可)，搅拌一小时出料，得白色稠厚的乳液。称重，计算产率。

实验所需时间为：6～8h。

五、注释

[1] 聚乙烯醇溶解较慢，必须完全溶解并保持原来体积，为防止水分损失，一般加水量为 30mL，若聚乙烯醇中有杂质，可用粗孔铜网过滤溶液。

[2] 因无温控系统，此处温度在 65～75℃之间均可。

[3] 滴加单体的速度要均匀，防止加料太快发生爆聚和冲料等事故，过硫酸钾水溶液数量少，要注意量一定要准确，滴加一定要均匀、按比例与单体同时加完。

[4] 聚合搅拌速度要适当，升温不能过快。

[5] 用碳酸氢钠调节前，先检查乳液的 pH 值，不可将产物的 pH 值调成微碱性，否则产物不稳定，经短时间放置后呈絮凝状。

六、思考题

1.乳化剂加入量的多少对聚合反应及产物分子量有何影响？

2.聚乙烯醇在反应中起什么作用？为什么要与乳化剂混合使用？为什么反应结束后要用碳酸氢钠调整 pH 值到 5～6？

实验九　正丁醚的制备

一、实验目的

1. 掌握醇分子间脱水制备醚的反应原理和实验方法。

2. 掌握分水器的使用、分液漏斗的使用、液体的洗涤与干燥。

二、实验原理

在实验室和工业上都采用正丁醇在浓硫酸催化剂存在下脱水制备正丁醚。在制备正丁醚时，由于原料正丁醇（沸点 117.7℃）和产物正丁醚（沸点 142℃）的沸点都较高，故可使反应在装有分水器的回流装置中进行，控制加热温度，并将生成的水或水的共沸物不断蒸出。虽然蒸出的水中会夹有正丁醇等有机物，但是由于正丁醇等在水中溶解度较小，相对密度又较水轻，浮于水层之上，因此借分水器可使绝大部分的正丁醇等自动连续地返回反应瓶中，而水则沉于分水器的下部，根据蒸出的水的体积，可以估计反应的进行程度[1]。

主反应：
$$2n\text{-}C_4H_9OH \xrightarrow[135℃]{H_2SO_4} C_4H_9OC_4H_9 + H_2O$$

副反应：
$$C_4H_9OH \xrightarrow[>135℃]{H_2SO_4} CH_3CH_2CH{=}CH_2 + H_2O$$

三、药品与仪器

1. 药品：正丁醇 31mL（25g，0.34mol）；硫酸（98%）5mL；50%硫酸溶液；无水氯化钙。

2. 仪器：100mL 三口烧瓶；球形冷凝管；分水器；温度计；分液漏斗；电热套等。

四、物理常数及性质

正丁醇（*n*-butanol）：分子量 74.12，沸点 117.7℃，密度 809.8kg/m^3，折射率 $n_D^{20}=$ 1.3992，溶于水、苯，易溶于丙酮，与乙醇、丙酮可以任何比例混合。20℃时，本品在水中的溶解度为 7.7%（质量分数）。正丁醇可用于制取酯类、塑料增塑剂、医药、喷漆，以及用作溶剂，是一种用途广泛的重要有机化工原料。

正丁醚（*n*-butyl ether）：分子量 130.23，沸点 142.0℃，密度 768.9kg/m^3，折射率 $n_D^{20}=1.3992$，无色液体，不溶于水，与乙醇、乙醚混溶，易溶于丙酮。本品毒性较小，易燃，有刺激性。本品常用作树脂、油脂、有机酸、生物碱、激素等的萃取和精制溶剂。

五、实验步骤

在 50mL 三口烧瓶中加入 15.5mL 正丁醇，再将 2.5mL 浓硫酸慢慢加入瓶中，将三口烧瓶不停地摇荡，使瓶中的浓硫酸与正丁醇混合均匀，并加入几粒沸石。在烧瓶口上装温度计和分水器，温度计要插在液面以下，分水器的上端接一支回流冷凝管。

分水器中需要先加入一定量的水，把水的位置做好记号。将三口烧瓶放在电热套中加热，开始调压不要太高，先加热 20min 但不到回流温度（约 100～115℃），后加热保持回流约 40min。随着反应的进行，分水器中的水层不断增加，反应液的温度也不断上升。当分水器中水层超过了支管而要流回烧瓶时，可以打开分水器的旋塞放掉一部分水。当分水器的水层不再变化，出水大约2.2～2.5mL[2]，瓶中反应温度到达150℃左右时，停止加热。如果加热时间过长，溶液会变黑，并有大量副产物烯生成。

待反应物稍冷，拆下分水器，将仪器改成蒸馏装置，再加几粒沸石，进行蒸馏至无馏出液为止。正丁醚的制备和蒸馏装置见图3-8。

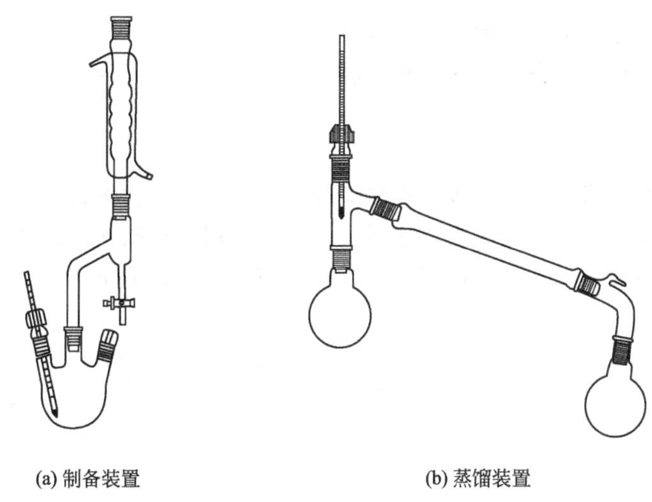

(a) 制备装置　　(b) 蒸馏装置

图3-8　正丁醚的制备和蒸馏装置

将馏出液倒入分液漏斗中，分去水层。粗产物每次用7.5mL冷的50%硫酸[3]洗涤，共洗2次[4]，再用水洗涤2次，最后用1g左右的无水氯化钙干燥。将干燥的粗产物倒入50mL圆底烧瓶中（注意不要把氯化钙倒进瓶中!）进行蒸馏，收集140～144℃的馏分。

产量：3.5～4g。

实验所需时间：6h。

六、注释

[1] 按反应式计算，实际上分出水层的体积要略大于理论量，否则产率很低。

[2] 本实验利用恒沸混合物蒸馏方法，利用分水器将反应生成的水层上面的有机层不断流回到反应器中，而将生成的水除去。

[3] 50%硫酸的配制方法：20mL浓硫酸缓慢加到34mL水中。

[4] 丁醇能溶于50%硫酸，而正丁醚溶解很少。

七、思考题

1. 如何得知反应已经比较完全？
2. 反应物冷却后为什么要倒入50mL水中？各步洗涤的目的何在？
3. 能否用本实验方法由乙醇和2-丁醇制备乙基仲丁基醚？你认为用什么方法比较好？

八、原始数据记录参考

1. 粗产物合成阶段：加热电压；反应时间；反应温度；粗产物体积。
2. 粗产物洗涤、精制阶段：洗涤次数；干燥时间；加热电压；前馏分流出温度、体积；产物流出温度、体积等。

实验十　乙酰苯胺的制备

一、实验目的

1. 学习苯胺乙酰化反应的原理和实验操作。
2. 掌握利用重结晶的方法提纯固体有机物。

二、实验原理

乙酰苯胺一般可用苯胺与冰醋酸、乙酰氯或乙酸酐等酰基化试剂作用制得。其中苯胺与乙酰氯的反应比较激烈，乙酸酐次之，冰醋酸最慢。但用冰醋酸作乙酰化试剂价格便宜，操作方便。本实验选用苯胺与冰醋酸作用制取乙酰苯胺。反应式如下：

$$C_6H_5NH_2 + CH_3COOH \rightleftharpoons C_6H_5NHCOCH_3 + H_2O$$

三、药品与仪器

1. 药品：苯胺 5mL（5.1g，0.055mol）；冰醋酸 7.4mL（7.8g，0.13mol）；锌粉；活性炭。
2. 仪器：电热套；减压过滤装置；刺形分馏柱等。

四、物理常数及性质

苯胺：分子量 93.1，沸点 184.4℃，密度 1022.0kg/m^3，折射率 $n_D^{20}=1.5863$。微溶于水，易溶于乙醇、乙醚和苯，具有毒性。

乙酰苯胺：分子量 135.17，熔点 114℃，微溶于冷水，易溶于乙醇、乙醚及热水。本品具有刺激性，能抑制中枢神经系统和心血管，因而应避免皮肤接触或由呼吸和消化系统进入体内。市售乙酰苯胺含量≥99.0%，灼烧残渣≤0.03%，酸值≤0.066%（以 H^+ 计，mmol/100g），游离苯胺≤0.004%。

五、实验步骤

1. 粗产物合成

在 50mL 磨口锥形瓶（或 50mL 磨口圆底烧瓶）中，加入 5mL 新蒸馏过的苯胺[1]、7.4mL 冰醋酸和 0.1g 锌粉[2]，在瓶口上装一刺形分馏柱，柱顶插一支 150℃温度计，分馏柱的支管口用一个小量筒以收集蒸出的水和冰醋酸溶液。全部装置如图 3-9 所示。

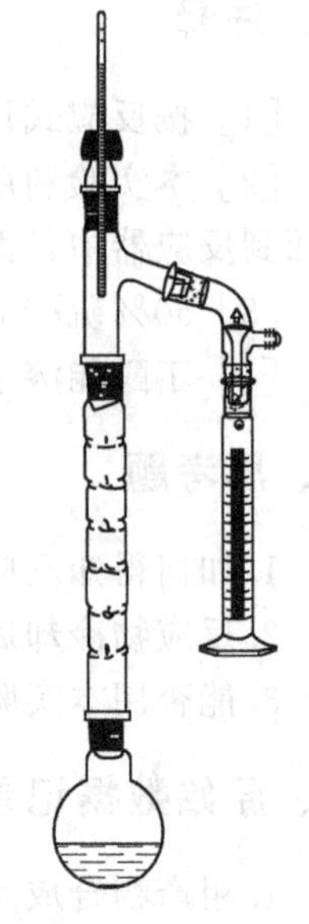

图 3-9　乙酰苯胺的制备装置

在电热套上用小火加热至沸腾，控制温度，保持温度计读数在 105℃左右约 40～60min。反应生成的水可完全蒸出（含少量冰醋酸），当温度计读数出现上下波动或反应器内出现白雾时，表示反应趋于完成，停止加热。

在不断搅拌下，将反应液趁热以细流慢慢倒入盛有 100mL 冷水的烧杯中，继续剧烈搅拌，并冷却烧杯，使粗乙酰苯胺成细粒状完全析出。

2.粗产物的重结晶

用布氏漏斗抽滤析出的固体（抽滤装置及操作方法见重结晶和过滤部分）。用干净的胶塞把固体压碎，再用 5～10mL 冷水洗涤。除去残留的酸液，然后将粗乙酰苯胺放入盛有一定体积热水（100～150mL）的烧杯中，加热至沸腾，如仍有未溶解的油珠[3]，需补加适量热水[4]，直至油珠完全溶解为止。若有颜色可将液体稍冷后加入约 0.5～1g 粉末状活性炭[5]，用玻璃棒搅拌并煮沸几分钟，趁热用保温漏斗或用预先热好的布氏漏斗减压过滤[6]。

滤液静置，冷却，析出无色片状的乙酰苯胺晶体，再减压过滤，尽量挤压以除去晶体中水分，将产物放在表面皿上，烘干，称重。

产量：约 5g。

实验所需时间：6h。

六、注释

[1] 放置时间较长的苯胺颜色变深，会影响生成的乙酰苯胺的质量，故需使用新蒸馏的苯胺。

[2] 加锌粉的目的是防止苯胺在反应过程中氧化，但不能加得过多，否则在后处理中会出现不溶于水的氢氧化锌。

[3] 此油珠是熔融状态的含水的乙酰苯胺（83℃时含水 13%）。

[4] 乙酰苯胺于不同温度在 100mL 水中的溶解度为：25℃，0.563g；80℃，3.5g；100℃，5.2g。在以后各步加热煮沸时，会蒸发掉一部分水，需随时补加热水。

[5] 在沸腾的溶液中加入活性炭，容易引起暴沸。

[6] 使用保温漏斗进行热过滤，要事先准备好折叠滤纸和预热好的保温漏斗，如果使用布氏漏斗减压过滤，则应事先将布氏漏斗用铁夹夹住，倒悬在沸水浴上，利用水蒸气进行充分预热，吸滤瓶应放在水浴中预热。如果预热不好，乙酰苯胺晶体将在布氏漏斗内析出，引起操作上的麻烦和造成损失。

七、注意事项

1.在实验过程中要注意苯胺的毒性，避免吸入其蒸气或接触皮肤。

2.在减压过滤时注意正确操作，防止倒吸。

八、思考题

1.反应中为什么要保持温度计读数在 105℃左右，温度过高有什么不好？

2.理论上，反应完成时应生成多少水？你收集了几毫升？如何解释？

3.本实验采取哪些措施来提高乙酰苯胺的产量？

九、原始数据记录参考

1.粗产物合成阶段：加热电压；反应时间。

2.粗产物洗涤、重结晶阶段：粗产物溶解时所用热水体积；脱色时活性炭用量；干燥后产物质量（分析天平称量结果）等。

实验十一　3-丁酮酸乙酯的制备

一、实验目的

1.学习用乙酸乙酯通过 Claisen 酯缩合反应制取乙酰乙酸乙酯（3-丁酮酸乙酯）的反应原理和操作方法。

2.学习无水操作和减压蒸馏等操作技能。

二、实验原理

乙酰乙酸乙酯又称 3-丁酮酸乙酯，是一种最简单的 β-酮酸酯。不同于其他的酯类化合物，乙酰乙酸乙酯不能通过酯化反应来制取。这是由于 3-丁酮酸受热后易发生脱羧反应而生成丙酮：

$$CH_3\overset{\overset{\displaystyle O}{\|}}{C}CH_2COOH \xrightarrow[\triangle]{} CH_3\overset{\overset{\displaystyle O}{\|}}{C}CH_3 + CO_2$$

所以，一般用乙酸乙酯通过 Claisen 酯缩合反应来制备乙酰乙酸乙酯。以乙酸乙酯和金属钠为原料，以过量的酯为溶剂，利用酯中含有的微量醇与金属钠反应生成醇钠，随着反应的不断进行，醇不断生成，反应能继续下去，直到金属钠消耗完毕。

$$2C_2H_5OH + 2Na \longrightarrow 2C_2H_5ONa + H_2\uparrow$$

$$2CH_3COOC_2H_5 \xrightarrow{C_2H_5ONa} [CH_3COCHCOOC_2H_5]^- Na^+ + C_2H_5OH$$

反应后直接得到的不是乙酰乙酸乙酯，而是它的钠盐，因为乙酰乙酸乙酯分子中亚甲基上的氢的酸性比乙醇大，需用乙酸酸化使其钠盐转化为乙酰乙酸乙酯。

$$[CH_3COCHCOOC_2H_5]^- Na^+ + CH_3COOH \longrightarrow CH_3COCH_2COOC_2H_5 + CH_3COONa$$

酯中的含醇量过高对产率不利，一般酯中醇含量在 1%～3% 为宜。

三、药品与仪器

1.药品：乙酸乙酯 24.5mL（22g，约 0.25mol）；金属钠 2.5g（约 0.11mol）；50% 乙酸；5% 碳酸钠溶液；无水碳酸钾；饱和食盐水；无水氯化钙；pH 试纸。

2.仪器：减压蒸馏装置；电热套；干燥管等。

四、物理常数及性质

乙酸乙酯：分子量 88.1，熔点 −83.6℃，沸点 77.1℃，相对密度 0.9003，折射率 1.3723，闪点 4℃，与醚、醇、卤代烃、芳烃等多种有机溶剂混溶，微溶于水，是无色、具有水果香味的易燃液体。

乙酰乙酸乙酯：分子量 130.15，熔点 −45℃，沸点 180.8℃，相对密度 1.0282，折射率（20℃）1.418～1.421，微溶于水，能溶于乙醇，有刺激性和麻醉性，可燃，遇明火、高热或接触氧化剂有发生燃烧的危险，低等毒性。

五、实验步骤

本实验所用的药品必须是无水的，所用的一起必须是干燥的。

在干燥的250mL圆底烧瓶中，放入24.5mL无水的乙酸乙酯[1]和切细的2.5g金属钠[2]，迅速装上回流冷凝管，其上口连接一个氯化钙干燥管。用水浴加热，促使反应开始。若反应过于剧烈，可暂时移去热水浴而用冷水浴冷却。待反应缓和后，再用热水浴加热，保持缓缓回流。金属钠全部作用完后，停止加热[3]。这时反应物变为红色透明并呈绿色荧光的液体（有时析出黄白色沉淀[4]）。冷却至室温，卸下冷凝管。将烧瓶浸在冷水浴中，在摇动下缓慢滴加稀乙酸，使呈弱酸性，这时所有的固体都溶解[5]。用分液漏斗分离出红色的酯层。用10mL乙酸乙酯提取水层中的酯，并入原酯层。酯层用5%碳酸钠溶液洗至中性。用等体积的饱和食盐水洗涤，再用无水碳酸钾或无水硫酸镁干燥。

将干燥的液体倒入100mL克氏蒸馏瓶中。装配好减压蒸馏装置。首先在常压下蒸出乙酸乙酯，然后在减压下蒸出3-丁酮酸乙酯。所收集馏分的沸点范围视压力而定，见表3-3。

表3-3　3-丁酮酸乙酯在不同压力下的沸点和沸程

压力/kPa (mmHg)	1.666 (12.5)	1.866 (14)	2.399 (18)	3.866 (29)	5.998 (45)	10.66 (80)
沸点/℃	71	74	79	88	94	100
沸程/℃	69～73	72～76	77～81	86～90	92～96	98～102

产量：4～5g。

实验所需时间：8h。

六、注释

[1] 乙酸乙酯必须绝对干燥，但其中应含有1%～3%的乙醇，醇的含量过高对反应不利。其提纯方法如下：将普通乙酸乙酯用饱和氯化钙溶液洗涤数次，再用熔焙过的无水碳酸钾干燥，在水浴上蒸馏，收集76～78℃馏分。

[2] 金属钠遇水即会燃烧、爆炸，故使用时应严格防止与水接触。在称量或切片过程中应当迅速，以免空气中水汽侵蚀或被氧化。取钠的操作步骤如下：用镊子取储存的金属钠块，用双层滤纸吸取溶剂油，用小刀切去其表面，称重，再用小刀切碎使用。

[3] 反应开始时，金属钠的表面上有少量气泡产生，由于酯缩合反应本身是放热反应，所以不久温度逐渐上升，反应也逐渐加快，必要时还需要冷水浴冷却烧瓶以缓和激烈的反应，避免部分原料气化损失。当开始阶段的激烈反应过去后，便可用小火加热，直到所有的金属钠全部反应完为止。

金属钠的颗粒大小直接影响缩合反应速率，一般反应时间约需1.5h，若将金属钠直接用小刀切碎后使用，反应时间可长达3h以上。据资料介绍，很少量未反应的钠并不妨碍进一步的操作。

[4] 黄白色沉淀是乙酰乙酸乙酯的烯醇式钠盐。

[5] 用乙酸中和时，开始有少量固体析出，继续加酸并不断振摇，固体会逐渐消失，最后得到澄清的液体。如尚有少量固体未溶解时，可加少许水使溶解。但应避免加入过量的乙酸，否则会增加酯在水中的溶解度而降低产量。

七、思考题

1.若所用仪器未经干燥处理，对反应有什么影响？为什么？

2.为什么最后一步要用减压蒸馏法？

3. 本实验中加入稀乙酸和饱和氯化钠的目的何在？

实验十二　苯甲酸与苯甲醇的制备

一、实验目的

1. 学习以苯甲醛制备苯甲酸和苯甲醇的原理和方法。
2. 掌握液体有机化合物分离纯化的操作方法。
3. 掌握固体有机化合物分离纯化的操作方法。

二、实验原理

$$2C_6H_5CHO + NaOH \longrightarrow C_6H_5COONa + C_6H_5CH_2OH$$

$$C_6H_5COONa + HCl \longrightarrow C_6H_5COOH + NaCl$$

三、药品与仪器

1. 药品：氢氧化钠；苯甲醛；乙醚；饱和亚硫酸氢钠溶液；10%碳酸钠溶液；无水硫酸镁；浓盐酸。

2. 仪器：回流装置；分液漏斗；电热套；空气冷凝管。

四、实验步骤

在 50mL 圆底烧瓶中分别加入 6.4g NaOH 和 20mL 水，冷却至室温后，在不断搅拌下，分次将 6.3mL 苯甲醛加入烧瓶中，投入沸石，搭成回流装置，回流 1.5h，至反应物透明。向反应混合物中逐渐加入足够量的水（20～25mL），不断搅拌使其中的苯甲酸盐全部溶解[1]，冷却后将溶液倒入分液漏斗中，15mL 乙醚分 3 次萃取苯甲醇，冷却后将乙醚萃取过的水溶液保存好。合并乙醚萃取液，依次用 3mL 饱和亚硫酸氢钠溶液、5mL 10%碳酸钠溶液和 5mL 冷水洗涤。分离出乙醚溶液，用无水硫酸镁干燥 20～30min。

将干燥后的乙醚溶液倒入 25mL 圆底烧瓶中，加热蒸出乙醚（乙醚回收）。蒸完乙醚后，改用空气冷凝管，在电热套中继续加热，蒸馏苯甲醇，收集 198～204℃的馏分（纯苯甲醇为无色液体），称重，计算产率。在不断搅拌下，向前面保存的乙醚萃取过的水溶液中，慢慢滴加 20mL 浓盐酸、20mL 水和 12.5g 碎冰的混合物。充分冷却使苯甲酸完全析出[2]，抽滤，用少量冷水洗涤，尽量抽干水分，取出粗产物，称量。粗苯甲酸可用水重结晶得到纯苯甲酸。

五、注释

[1] 充分振摇是反应的关键。

[2] 酸化时一定要充分，使苯甲酸完全析出。

六、思考题

1. 苯甲醛长期放置后含有什么杂质？如果实验前不除去，对本实验会有什么影响？
2. 用饱和亚硫酸氢钠溶液洗涤乙醚萃取液的目的是什么？

实验十三　己二酸的制备

一、实验目的

1. 学习用环己醇制备己二酸的原理和方法。

2. 掌握抽滤、重结晶等操作技能。

二、实验原理

氧化反应是制备羧酸的常用方法。通过硝酸、高锰酸钾、重铬酸钾的硫酸溶液、过氧化氢、过氧乙酸等的氧化作用，可将醇、醛、烯烃等氧化为羧酸。己二酸又称肥酸，是合成尼龙-66 的主要原料之一，可以用硝酸或高锰酸钾氧化环己醇制得。硝酸和高锰酸钾都是强氧化剂，由于其氧化的选择性较差，故硝酸主要用于羧酸的制备，高锰酸钾氧化的应用范围较硝酸广泛，它们都可以将环己醇直接氧化为己二酸。

本实验的反应过程是：环己醇先被氧化为环己酮，后者再通过烯醇式被氧化开环，最终产物是己二酸。氧化反应一般都是放热反应，因此必须严格控制反应条件，既避免反应失控造成事故，又能获得较好的产率。

反应方程式如下[1]：

环己醇（OH） $\xrightarrow{HNO_3}$ 环己酮（O） $\xrightarrow{HNO_3}$ 己二酸（COOH, COOH）

硝酸在氧化反应过程中被还原的产物先是 NO，NO 极易被空气中的氧气氧化成 NO_2 气体。NO_2 是一种有毒的棕红色气体，而且还是酸雨的主要成因之一。因此这种经典的制备己二酸的方法不符合绿色化学的发展趋势，同学们可以通过阅读相关文献探讨己二酸的绿色合成方法。

三、药品与仪器

1. 药品：HNO_3（d＝1.42）5mL（0.08mol）；环己醇 2.1mL（2g，0.02mol）。

2. 仪器：温度计；50mL 圆底烧瓶；布氏漏斗；吸滤瓶等。

四、实验步骤

在圆底烧瓶中加 5mL 水，再加 5mL 硝酸[1]。将溶液混合均匀，在水浴上加热到 80℃后停止加热，移入通风橱中，然后用滴管加 2 滴环己醇。反应立即开始，温度随即上升到 85～90℃。用滴管小心地逐渐滴加 2.1mL 环己醇[2]，使温度维持在这个范围内，必要时可用冷水冷却[3]。当环己醇全部加入而且溶液温度降低到 80℃以下时，将混合物在 85～90℃下加热 2～3min 后停止加热。（安全预防：此氧化反应为放热反应，若环己醇滴加过快，可造成反应大量放热，乃至药品及大量 NO_2 气体冲出反应器，对实验者产生危害。因此实验时必须严格遵照规定的反应条件，在通风橱内进行反应。按图 3-10 安装反应装置，在 50mL 圆底烧瓶中放一支温度计，其水银球要尽量接近瓶底，并用有直沟的单孔软木塞（或橡胶塞）将温度计固定。）

待烧瓶稍冷却后放在冰水浴中再进行冷却，将析出的晶体在布氏漏斗上进行抽滤。用滤液洗出烧瓶中剩余的晶体。用 3mL 冷水淋洗己二酸晶体，抽滤。晶体再用 3mL 冷水淋洗一次，再抽滤。将晶体置于表面皿（事先称好重量）上，干燥后称重。

五、注释

［1］计算产率时要注意反应方程式的配平，假定硝酸的还原产物完全是 NO_2。

［2］环己醇和硝酸切不可用同一量筒量取。

［3］本实验为强烈放热反应，所以滴加环己醇的速度不宜过快，以免反应过剧。一般可在环己醇中加少许水，一是减少环己醇因黏稠带来的损失，二是避免反应过剧。但也不要使温度低于 85℃，以致反应太慢使未反应的环己醇积聚起来影响产率。

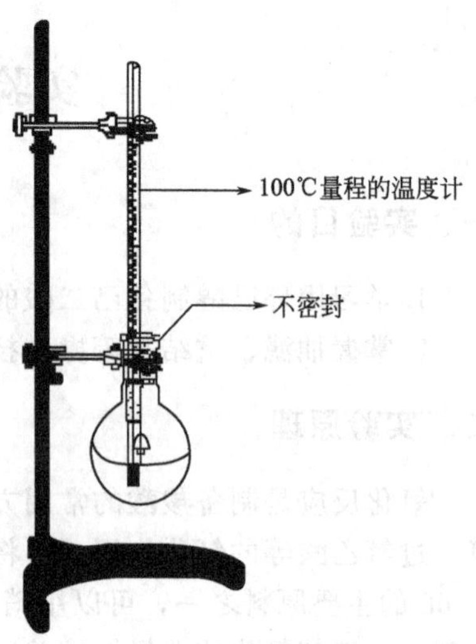

图 3-10　己二酸制备反应装置图

六、思考题

1. 为什么必须严格控制滴加环己醇的速度和反应物的温度？你是如何控制反应温度的？

2. 为什么必须在通风橱内进行反应？

实验十四　2-甲基-2-氯丙烷的制备

一、实验目的

1. 学习以浓盐酸、叔丁醇为原料制备 2-甲基-2-氯丙烷的原理和方法。

2. 进一步巩固蒸馏的基本操作和分液漏斗的使用方法。

二、实验原理

$$CH_3-\underset{CH_3}{\overset{CH_3}{\underset{|}{\overset{|}{C}}}}-OH + HCl \longrightarrow CH_3-\underset{CH_3}{\overset{CH_3}{\underset{|}{\overset{|}{C}}}}-Cl + H_2O$$

三、药品与仪器

1. 药品：叔丁醇；浓盐酸；5% $NaHCO_3$ 溶液；无水氯化钙；沸石。

2. 仪器：半微量磨口仪器一套；电热套；天平；分液漏斗；温度计；烧杯等。

四、实验步骤

（1）加料

在 50mL 圆底烧瓶中，放置 4mL 叔丁醇[1] 和 10.5mL 浓盐酸。

(2) 反应

不断搅拌 10～15min 后，转入分液漏斗中，静置，待明显分层后，分去水层（下层）。

(3) 洗涤

有机层分别用水、5%碳酸氢钠[2] 溶液、水各 2.5mL 洗涤（上层为有机层）[3]，再用适量无水氯化钙干燥。

(4) 精制

干燥后的产物倒入蒸馏烧瓶[4] 中，加入沸石，接收瓶置于冰水浴中。电热套加热水浴上蒸馏收集 50～51℃馏分。称重（约 2.5g），计算产率。

纯 2-甲基-2-氯丙烷为无色液体，b. p. 为 52℃，n_D^{20} 为 1.3877，d^{20} 为 0.8420。

五、注释

[1] 叔丁醇凝固点为 25℃，温度较低时呈固态，需在温热水中熔化后取用。

[2] 用 5%碳酸氢钠溶液洗涤时，只需轻轻振荡几下，并注意及时放气。

[3] 洗涤时注意上下层的意义。

[4] 精制时所用的仪器要干燥，水浴要从冷水开始加热。

六、思考题

在洗涤粗产物时，若碳酸氢钠溶液浓度过高，洗涤时间过长，将对产物有何影响？为什么？

实验十五　苯甲酸和苯甲醛的制备

一、实验目的

1. 熟悉康尼查罗（Cannizzaro）反应，掌握苯甲酸和苯甲醇的制备方法。

2. 进一步掌握分液漏斗的使用及重结晶、抽滤等操作。

二、实验原理

在浓的强碱作用下，不含 α-活泼氢的醛类可以发生分子自身氧化还原反应，一分子醛被氧化成酸，而另一分子醛则被还原为醇，此反应称为康尼查罗（Cannizzaro）反应。反应实质是羰基的亲核加成。

主反应：
$$2C_6H_5CHO + NaOH \longrightarrow C_6H_5COONa + C_6H_5CH_2OH$$
$$C_6H_5COONa + HCl \longrightarrow C_6H_5COOH + NaCl$$

副反应：
$$C_6H_5CHO + O_2 \longrightarrow C_6H_5COOH$$

三、药品与仪器

1. 药品：PhCHO 10mL（0.118mol）；NaOH 9g（0.225mol）；乙醚 30mL；$NaHSO_3$ 溶液（饱和）；10%Na_2CO_3 溶液；HCl（浓）；无水 $MgSO_4$；刚果红试纸。

2. 仪器：125mL 锥形瓶；分液漏斗；锥形瓶；烧杯；电热套；布氏漏斗；循环水真空泵；吸滤瓶等。

四、实验步骤

(1) 加料，歧化反应

在 125mL 锥形瓶中，加 9g NaOH、9mL H_2O，振荡成溶液，冷至室温，振荡下[1] 分批加入 10mL 新蒸馏的 PhCHO[2]，每次约 3mL，每加一次，都塞紧瓶塞，用力振荡。该反应是两相反应，不断振摇是关键，若反应温度过高，可用冷水冷却。最后得白色糊状物，塞紧瓶塞，放置过夜。

(2) 萃取，分离

反应物中加水，微热，搅拌，使之溶解，冷却后置于分液漏斗中，每次用 10mL 乙醚萃取，共萃取水层 3 次（萃取苯甲醇），水层保留。

(3) 洗涤醚层

依次用 $NaHSO_3$（饱和）、10%Na_2CO_3、H_2O 各 5mL 洗涤醚层。除去 PhCHO、酸性 $NaHSO_3$、盐。

(4) 干燥，蒸馏

用无水 $MgSO_4$ 干燥半小时。水浴回收乙醚。用空气冷凝管收集 200～208℃ 馏分 ($PhCH_2OH$)，称重（约 4～5g)，计算产率。纯苯甲醇为无色液体，沸点为 205.4℃，d^{20} 为 1.042，n^{20} 为 1.5396。

(5) 酸化，重结晶

将步骤 (2) 中的水层慢慢加到约 40mL 浓盐酸、40mL 水和 25g 碎冰的混合物中，酸化[3] 至刚果红试纸变蓝，冷却析出 PhCOOH，抽滤，用少许水洗涤抽干。必要时用水重结晶，抽滤，干燥，称重（约 7～8g)，计算产率。纯苯甲酸为无色针状晶体，m.p. 为 122.4℃。

五、注释

[1] 反应过程中一定要振荡，使反应充分。

[2] 苯甲醛要新蒸馏的。

[3] 酸化过程要慢。

六、思考题

1. 为什么要振摇？白色糊状物是什么？

2. 各部洗涤分别除去什么？

3. 萃取后的水溶液，酸化到中性是否最合适？为什么？

第4章　综合性有机化学实验

4.1　天然有机化合物的提取和分离实验

实验十六　肉桂醛的提取

一、实验目的

1. 了解从天然产物中提取有效成分的方法。
2. 熟练水蒸气蒸馏的操作技术。
3. 进一步熟悉固液萃取操作。

二、实验原理

许多植物具有独特的令人愉快的气味。植物的这种香气是由其所含的香精油所致。肉桂树皮中香精油的主要成分是肉桂醛，其结构式如下：

$$C_6H_5-CH{=}CHCHO$$

肉桂醛纯品是黄色油状液体，密度 $d_4^{20}=1.049$，沸点 248℃（反-3-苯基丙烯醛，252℃），$n_D^{20}=1.618\sim1.632$，微溶于水，易溶于乙醇、二氯甲烷等有机溶剂，在空气中久置易氧化成肉桂酸。在自然界中，它因存在于肉桂树皮中而得名肉桂醛。从桂树皮中提取肉桂醛的方法有溶剂萃取法、压榨法和水蒸气蒸馏法。本实验采用溶剂萃取法（方法Ⅰ）和水蒸气蒸馏法（方法Ⅱ）两种方法提取肉桂醛。

肉桂醛主要用作饮料和食品的增香剂，也用于其他的调和香料。学习肉桂醛的提取方法对从天然产物中提取类似的产物有一定的实用价值。

三、药品与仪器

1. 药品：肉桂树皮；二氯甲烷；1% Br_2/CCl_4 溶液；2,4-二硝基苯肼试液；托伦（Tollens）试剂；品红试剂（Shiff 试剂）。

2. 仪器：50mL 圆底烧瓶；自制简易索氏提取器[1]；冷凝管；阿贝折射仪；漏斗（$\Phi=$

40mm)；蒸发皿（$\Phi=40mm$）。

四、实验步骤

1.肉桂醛的提取

（1）方法Ⅰ（溶剂萃取法）

在固液萃取装置[1] 中加入0.8g研细的肉桂树皮粉，将10mL二氯甲烷放入50mL圆底烧瓶中，安装固液萃取装置，在二氯甲烷沸腾条件下回流1h，此时产物肉桂醛从肉桂树皮中完全浸出，进入二氯甲烷提取液中。将提取液转移到离心管中，离心分离，吸取清液置于$\Phi=40mm$的蒸发皿中，盖上玻璃漏斗，置于空气浴上微热，在通风橱中蒸出二氯甲烷，待二氯甲烷剩余约1mL时，离开火源，室温晾干，即得1滴黄色油状的肉桂醛产物。

（2）方法Ⅱ（水蒸气蒸馏法）

取3g桂皮，在研钵中研碎，放入20mL圆底烧瓶中，加水8mL，装上冷凝管，加热回流10min。冷却后倒入蒸馏瓶中进行水蒸气蒸馏[2]，收集馏出液5～6mL。将馏出液转移到15mL分液漏斗中，用每份2mL乙醚萃取2次。弃去水层，乙醚层移入小试管中，加入少量无水硫酸钠干燥，20min后，滤出萃取液，在通风橱内用水浴加热蒸去乙醚，得肉桂醛。用毛细滴管吸取1细滴在阿贝折射计上测折射率。

2.肉桂醛的性质实验

（1）取提取液1滴于试管中，加入1滴Br_2/CCl_4溶液，观察红棕色是否褪去。

（2）取提取液2滴于试管中，加入2滴2,4-二硝基苯肼试剂，观察有无黄色沉淀生成。

（3）取提取液1滴于试管中，加入2～3滴托伦试剂，水浴加热，观察有无银镜现象产生。

（4）取提取液1滴于试管中，加入品红试剂2滴，振摇，若紫红色不出现，可采用水浴微热2～3min，1min后，呈现深紫红色。

五、注释

[1] 在普通回流冷凝管的下端作一玻钩，挂上一玻璃小吊篮，组成一自制的简易索氏提取器。提取时，将肉桂树皮处理成一定的细度，放入索氏提取器中，用二氯甲烷进行回流提取，二氯甲烷溶剂不断进入肉桂树皮中，肉桂醛就不断从其中浸出，进入二氯甲烷之中，最后将二氯甲烷蒸出，即得到产物肉桂醛。

[2] 水蒸气蒸馏时，先使反应瓶中的水稍沸，然后通入水蒸气，使水蒸气的进入速率和蒸馏速率达到一致，可防止反应体系中水太多。

六、思考题

概要写出从桂皮中提取肉桂醛的流程图。

实验十七　菠菜叶色素的分离

一、实验目的

1.通过绿色植物色素的提取，了解天然物质分离提纯的方法。

2. 通过柱色谱和薄层色谱的分离操作，了解有机物色谱分离鉴定原理和操作方法。

二、实验原理

植物绿叶中含有多种天然色素，最常见的有胡萝卜素、叶绿素和叶黄素等，其结构为：

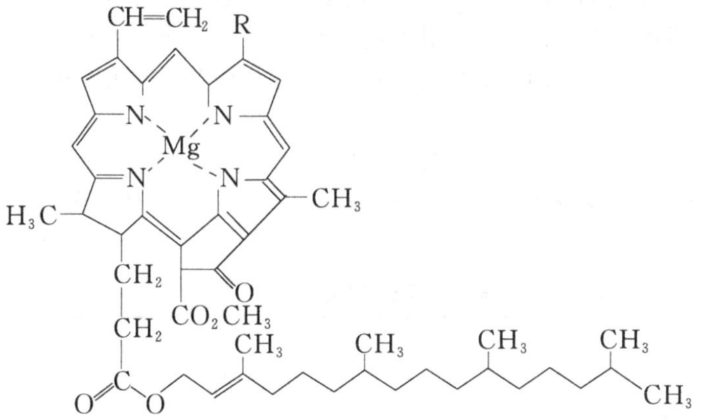

R=CH_3 叶绿素 a

R=CHO 叶绿素 b

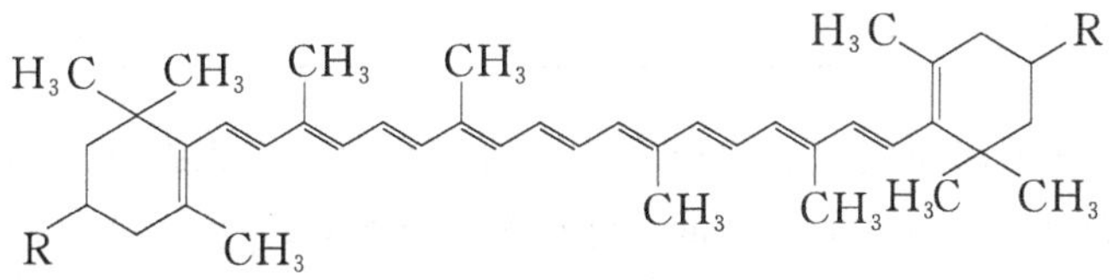

R=H　β-胡萝卜素　　　R=OH　叶黄素

本实验是从菠菜叶中提取以上色素，用柱色谱分离后用薄层色谱检测。

三、药品与仪器

1. 药品：硅胶 H；羧甲基纤维素钠；中性氧化铝（150～160 目）；甲醇；95%乙醇；丙酮；乙酸乙酯；石油醚；菠菜叶。

2. 仪器：研钵；布氏漏斗；吸滤瓶；分液漏斗；展开槽；载玻片（2.5cm×7.5cm，6 块）；色谱柱（2cm×20cm）。

四、实验步骤

1. 菠菜叶色素的提取

将菠菜叶洗净，甩去叶面上的水珠，摊在通风橱中抽风干燥至叶面无水迹。称取 20g，用剪刀剪碎，置于研钵中，加入 20mL 甲醇，研磨 5min，转入布氏漏斗中抽滤[1]，弃去滤液。

将布氏漏斗中的糊状物放回研钵，加入体积比为 3∶2 的石油醚-甲醇混合液 20mL，研磨，抽滤[1]。用另一份 20mL 混合液重复操作，抽干。合并两次的滤液，转入分液漏斗，每次用 10mL 水洗涤两次[2]，弃去水-醇层，将石油醚层用无水硫酸钠干燥后滤入蒸馏瓶中，水浴加热蒸馏至剩约 1mL 残液。

2. 柱色谱分离

将选好的色谱柱竖直固定在铁架台上，加石油醚约 15cm 深，把 20g 中性氧化铝（150～160 目）通过玻璃漏斗缓缓加入，同时从柱下慢慢放出石油醚，使柱内液面高度大体保持不变。必要时用装在玻璃棒上的橡皮塞轻轻敲击柱身，以使氧化铝均匀沉降。始终保持沉积面上有一段液柱。氧化铝加完后小心控制柱下活塞使液面恰好降至氧化铝沉积面相平齐，关闭活塞，在沉积面上再加盖一张小滤纸片。用滴管吸取上步制得的色素溶液，除留下一滴作薄层色谱检测用之外，其余部分加入柱中。开启活塞使液面降至滤纸片处，关闭活塞。将数滴石油醚贴内壁加入以冲洗内壁，再放出液体至液面与滤纸相平齐。重复冲洗操作 2～3 次，然后改用体积比为 9∶1 的石油醚-丙酮混合溶剂淋洗。当第一个色带（橙黄色）开始流出时更换接收瓶接收，当第一色带完全流出后再更换接收瓶并改用体积比为 7∶3 的石油醚-丙酮混合液淋洗第二色带[3]。最后改用体积比为 3∶1∶1 的正丁醇-乙醇-水混合液淋洗第三和第四色带。

3. 薄层色谱检测柱效

铺制羧甲基纤维素钠硅胶板 6 块，点样，用体积比为 8∶2 的石油醚-丙酮混合液作展开剂，展开后计算各样点的 R_f 值，观察各色带样点是否单一[4]，以认定柱中分离是否完全。建议按表 4-1 次序点样。

表 4-1　点样次序及点样物质

薄板序号	一		二		三		四		五		六
样点序号	1	2	3	4	5	6	7	8	9	10	…
点样物质	原提取液	原提取液	原提取液	第一色带	原提取液	第二色带	原提取液	第三色带	原提取液	第四色带	…

各样点的 R_f 值因薄层厚度及活化程度不同而略有差异。大致次序为：第一色带，β-胡萝卜素（橙黄色，$R_f \approx 0.75$）；第二色带，叶黄素（黄色，$R_f \approx 0.7$）[3]；第三色带，叶绿素 a（蓝绿色，$R_f \approx 0.67$）；第四色带，叶绿素 b（黄绿色，$R_f \approx 0.50$）。在原提取液（浓缩）的薄层板上还可以看到另一个未知色素的斑点（$R_f \approx 0.20$）。

本实验约需 5～7h。

五、注释

［1］抽滤不宜太厉害，稍抽一下即可。

［2］水洗时摇振宜轻，避免严重乳化。

［3］叶黄素易溶于醇而在石油醚中溶解度较小。菠菜嫩叶中叶黄素含量本来不多，经提取洗涤损失后所剩更少，故在柱色谱中不易分得黄色带，在薄层色谱中样点很淡，可能观察不到。

［4］胡萝卜素可出现 1～3 个斑点，叶黄素可出现 1～4 个斑点，叶绿素有叶绿素 a 和叶绿素 b 两个斑点。

六、思考题

1. 分离不同的组分样品，选择洗脱剂的基本原则是什么？
2. 实验室中常用的吸附剂有哪些？
3. 整个实验有什么优点？还有哪些方面可以改进的？

实验十八　红辣椒中色素的分离

一、实验目的

1. 学习从红辣椒中萃取出色素的方法。

2.掌握薄层色谱分析和柱色谱分离的操作。

二、实验原理

红辣椒中含有多种色素，已知的有辣椒红、辣椒玉红素和β-胡萝卜素，它们都属于类胡萝卜素类化合物，从结构上说则都属于四萜化合物。其中辣椒红是以脂肪酸酯的形式存在的，它是辣椒显深红色的主要因素。辣椒玉红素可能也是以脂肪酸酯的形式存在的。

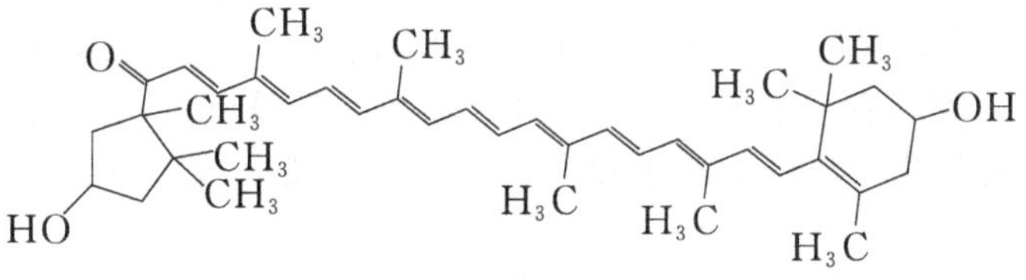

辣椒红

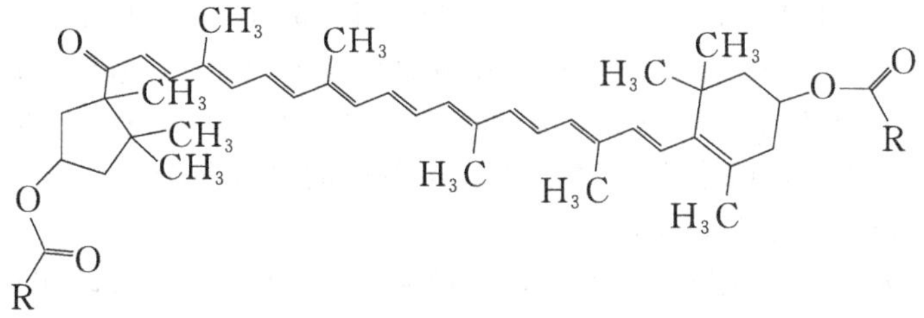

辣椒红脂肪酸酯（R=3 个或更多碳的链）

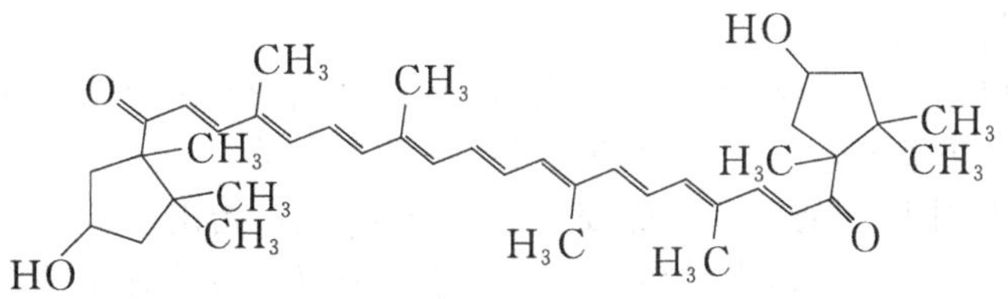

辣椒玉红素

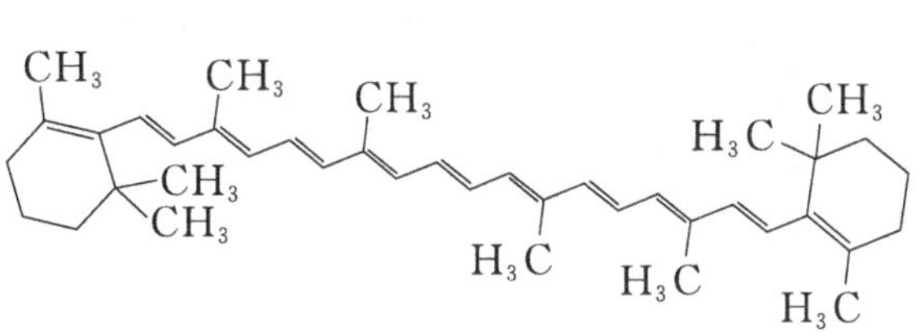

β-胡萝卜素

本实验是用二氯甲烷为萃取溶剂，从红辣椒中萃取出色素，经浓缩后用薄层色谱法作初步分析，再用柱色谱法分离出红色素，有条件时用红外光谱鉴定并测定其紫外吸收。

三、药品与仪器

1.药品：红辣椒 2g；二氯甲烷 500mL；石油醚 250mL。

2.仪器：烧瓶 50mL；冷凝管；水浴；薄层色谱装置；柱色谱装置；薄层板；烧杯 100mL。

四、实验步骤

1. 色素的萃取和浓缩

将干的红辣椒剪碎研细，称取 2g，置于 50mL 圆底烧瓶中，加入 20mL 二氯甲烷和 2～3 粒沸石，装上回流冷凝管，水浴加热回流 40min。冷至室温后抽滤。将所得滤液加热蒸馏浓缩至剩约 2mL 残液，即为混合色素的浓缩液。

2. 薄层色谱分析（薄层色谱的操作）

铺制 CMC 硅胶薄层板（2.5cm×7.5cm）两块，晾干并活化后取出 1 块，用平口毛细管吸取前面制得的混合色素浓缩液点样，用 1 体积石油醚（30～60℃）与 3 体积二氯甲烷的混合液作展开剂[1]，展开后记录各斑点的大小、颜色并计算其 R_f 值。已知 R_f 值最大的三个斑点是辣椒红脂肪酸酯、辣椒玉红素和 β-胡萝卜素，试根据它们的结构分别指出这三个斑点的归属。

3. 柱色谱分离（见柱色谱的操作，采用湿法装柱和湿法加样）

选用内径 1cm，长约 20cm 的色谱柱，先在色谱柱的活塞上涂凡士林，然后在柱中加入 10mL 的二氯甲烷，再将 40g 硅胶（100～200 目）用 25mL 二氯甲烷调成糊状（能流动即可）以湿法装柱。柱顶放一滤纸片，保持柱顶液面高为 1～2mm，柱装好后用滴管吸取混合色素的浓缩液[2] 约 1mL 加入柱顶。小心冲洗柱内壁后改用体积比为 3：8：5 的石油醚（30～60℃）、二氯甲烷、乙醇混合液淋洗[3]，用不同的接收瓶分别接收先流出柱子的三个色带。当第三个色带完全流出后停止淋洗。

注：硅胶粒径为 60～100 目时分不开，粒径为 200～300 目时流动相在柱中流不动。硅胶的粒径比为（60～100 目）:（100～200 目）:（200～300 目）＝252：238：143 时，分离效果较好。

4. 柱效和色带的薄层检测

取三块硅胶薄层板，画好起始线，用不同的平口毛细管点样[4]。每块板上点两个样点，其中一个是混合色素浓缩液，另一个分别是第一、第二、第三色带。仍用体积比为 1：3 的石油醚-氯甲烷混合液作展开剂展开。比较各色带的 R_f 值，指出各色带是何种化合物。观察各色带样点展开后是否有新的斑点产生，推估柱色谱分离是否达到了预期效果。

5. 红色素的红外光谱鉴定和紫外吸收

将柱中分得的红色素浓缩蒸发至干，充分干燥后用溴化钾压片法作红外光谱图，与红色素纯样品的谱图相比较，并说明在 3600～3100cm^{-1} 区域中为什么没有吸收峰。

用自己分得的红色素作紫外光谱，确定 λ_{max}。

本实验约需 8h。

五、注释

[1] 本展开剂一般能获得良好的分离效果。如果样点分不开或严重拖尾，可酌减点样量或稍增二氯甲烷比例。

[2] 混合色素浓缩液应留出 1～2 滴在柱效和色带的薄层检测时使用。

[3] 此淋洗剂一般可获得良好分离效果。如色带分不开，可酌增二氯甲烷比例。

[4] 不可用同一支毛细管吸取不同的样液。

六、思考题

根据实验结果分析色素的极性强弱顺序，得出结论。

实验十九　从茶叶中提取咖啡因

一、实验目的

1. 学习生物碱提取的原理和方法。

2. 掌握升华的操作方法。

二、实验原理

茶叶中含有多种生物碱，其中主要成分为咖啡因（又名咖啡碱，Caffeine)，约占 1%～5%，还有少量的可可豆碱和茶碱，它们的结构如下：

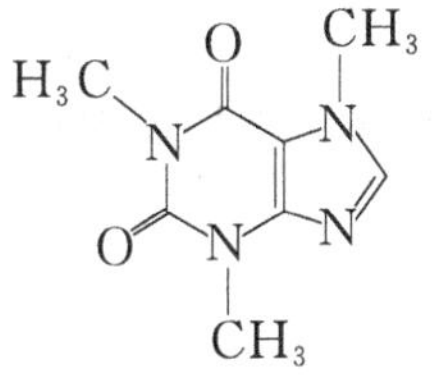

咖啡因 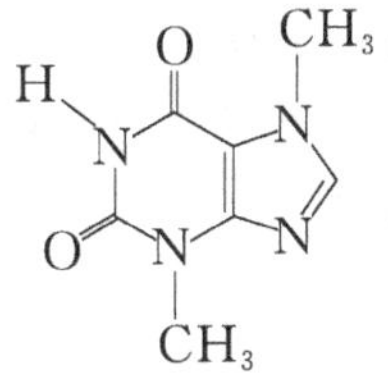　　可可豆碱 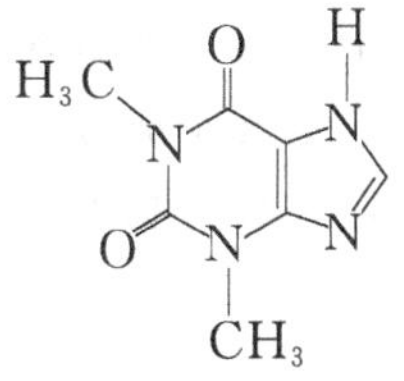　　茶碱

此外，茶叶中含有丹宁、色素、纤维素和蛋白质等。

咖啡因的学名为 1,3,7-三甲基-2,6-二氧嘌呤，它是具有丝绢光泽的无色针状结晶，含有一个结晶水，在 100℃时失去结晶水开始升华，在 178℃可升华为针状晶体，无水物的熔点为 235℃，是弱碱性物质，味苦。咖啡因易溶于热水（约 80℃)、乙醇、丙酮、二氯甲烷、氯仿，难溶于石油醚。

可可豆碱的学名为 3,7-二甲基-2,6-二氧嘌呤，在茶叶中约含 0.05%，无色针状晶体，味苦，熔点为 342～343℃，能溶于热水，难溶于冷水、乙醇，不溶于醚。

茶碱的学名为 1,3-二甲基-2,6-二氧嘌呤，是可可豆碱的同分异构体，白色微小粉末结晶，味苦，熔点为 273℃，易溶于沸水，微溶于冷水、乙醇。

茶叶中的生物碱对人体具有一定程度的药理作用。咖啡因具有强心作用，可兴奋神经中枢。咖啡因、茶碱和可可豆碱可用提取法或合成法获得。

三、药品与仪器

1. 药品：红茶；95%乙醇；生石灰等。

2. 仪器：电热套；Soxhlet 提取器；蒸馏装置；蒸发皿等。

四、实验步骤

称取 10g 红茶[1] 的茶叶末放入 150mL Soxhlet 提取器[2] 的滤纸筒中，在圆底烧瓶中加入 80～100mL 95%乙醇，加热回流提取，直到提取液颜色较浅为止（约 2～3h)，待冷却液刚刚虹吸下去时即可停止加热。稍冷后，改成蒸馏装置，把提取液中的大部分乙醇蒸出(回收)，趁热把瓶中剩余液倒入蒸发皿中。

往蒸发皿中加入 4g 生石灰粉[3]，搅成浆状，在水浴上蒸干，除去水分，使成粉状（不断搅拌，压碎块状物)，然后用酒精灯小火加热片刻，除去水分[4]。在蒸发皿上盖一张刺有许多小孔且孔刺朝上的滤纸，再在滤纸上罩一个大小合适的漏斗，漏斗颈部塞一小团疏松的脱脂棉，用酒精灯小心加热，适当控制温度[5]，尽可能使升华速度放慢，当发现有棕色烟雾时，即升华完毕，停止加热。冷却后，取下漏斗，轻轻揭开滤纸，用小刀将附在滤纸上下两面的咖啡因刮下，残渣经搅拌后，用较大的火再加热片刻，使升华完全，合并几次升华得到的咖啡因，称量。

五、注释

[1] 红茶中含咖啡因约 3.2%，绿茶中含咖啡因约 2.5%，实验选择红茶。

[2] Soxhlet 中的滤纸筒要紧贴器壁，既能取放方便，其高度又不得超过虹吸管；滤纸包茶叶时要严密，纸套上面要折成凹形。

[3] 生石灰起中和作用，以除去丹宁等酸性物质。

[4] 如水分未能除净，将会在下一步加热升华开始时在漏斗内出现水珠。若遇此情况，则用滤纸迅速擦干漏斗内的水珠并继续升华。

[5] 升华操作是实验成败的关键。在升华过程中必须始终严格控制温度，温度太高会使被烘物冒烟炭化，导致产物不纯和损失。

六、思考题

除了用升华法提纯咖啡因外，还可用何种方法？试写出实验方案。

4.2 研究性实验

实验二十 增塑剂邻苯二甲酸二正丁酯的合成及其酸值的测定

一、实验目的

1. 学习邻苯二甲酸二正丁酯的制备原理和方法。

2. 掌握减压蒸馏等基本操作。

二、实验原理

邻苯二甲酸二正丁酯是常用的增塑剂之一。它可由邻苯二甲酸酐与正丁醇在硫酸的催化作用下进行酯化而制取。

主反应：邻苯二甲酸酐（C=O、O、C=O） $+C_4H_9OH \longrightarrow$ 邻苯二甲酸单丁酯（$\overset{O}{\overset{\|}{C}}-OC_4H_9$，$\overset{O}{\overset{\|}{C}}-OH$）

$$C_6H_4(COOC_4H_9)(COOH) + C_4H_9OH \xrightleftharpoons{H^+} C_6H_4(COOC_4H_9)_2$$

副反应：

$$C_6H_4(COOC_4H_9)_2 \xrightarrow[>180℃]{H^+} C_6H_4(CO)_2O$$

三、药品与仪器

1. 药品：邻苯二甲酸酐 12g（0.08mol）；正丁醇 22mL（0.28mol）；浓硫酸（3～4 滴）；5%碳酸钠溶液；饱和食盐水等。

2. 仪器：电热套；减压蒸馏装置；三口烧瓶；分水器等。

四、物理常数与性质

正丁醇：分子量 74.12，沸点 117.7℃，折射率 1.3992，密度 809.8kg/m^3。

邻苯二甲酸酐：分子量 148，熔点 130.8℃，密度 1527.0kg/m^3，白色鳞片状或粉末状固体，溶于乙醇、苯，微溶于乙醚，稍溶于冷水，主要用于生产邻苯二甲酸酯类化合物。

邻苯二甲酸二正丁酯：分子量 278.18，沸点 340℃，折射率 1.4911，密度 1045.0kg/m^3，无色透明油状液体，具有芳香气味，溶于大多数有机溶剂和烃类。市售邻苯二甲酸二正丁酯含量≥99.5%，灼烧残渣≤0.003%（以硫酸盐计），酸值≤0.05%（以邻苯二甲酸计）。

五、实验步骤

1. 粗产物合成

在 250mL 三口烧瓶中，依次加入 12g 邻苯二甲酸酐、22mL 正丁醇、3～4 滴浓硫酸及几粒沸石。摇动使之充分混合，在三口烧瓶的中间口装分水器（分水器内事先装好一定量的水或正丁醇）。分水器上端安一球形冷凝管，在一个侧口配置一支温度计，其水银球伸至液面下，另一侧口用塞子塞紧，如图 4-1 所示。用电热套小火加热，约 10min 后，可以观察到固体的邻苯二甲酸酐全部消失，这标志着形成邻苯二甲酸单丁酯的阶段已完成[1]。

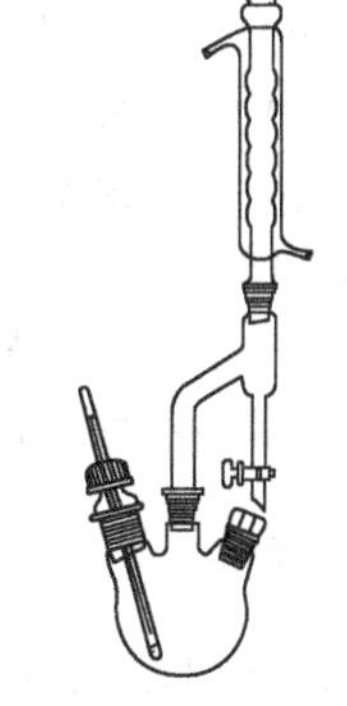

图 4-1　邻苯二甲酸二正丁酯制备装置

稍稍升高温度，使反应混合物沸腾，待酯化反应进行到一定程度时，可观察到冷凝管滴入分水器的冷凝液中有小水珠下沉。随着酯化反应的进行，分出的水层逐渐增加，反应混合液的温度升到 160℃时[2]，停止加热，反应时间约需 2.5h。

2. 粗产物洗涤、精制

当反应混合液冷却到 70℃以下时，将其移入分液漏斗中，用等体积饱和食盐水洗涤两次，再用少量5%碳酸钠溶液中和。然后用饱和食盐水洗涤有机层到中性，分离出油状粗产物干燥后，将粗产物转移到100mL圆底烧瓶中，进行减压蒸馏（减压蒸馏装置及操作见减压蒸馏部分），依次收集前馏分（主要是正丁醇）及最终产物邻苯二甲酸二正丁酯，即应收集200～210℃/2.67kPa（20mmHg）或180～190℃/1.33kPa（10mmHg）的馏分[3]。

3.产物分析

（1）邻苯二甲酸二正丁酯（$C_{16}H_{22}O_4$）含量的测定

称取1.5g样品，精确至0.0001g。加入25.00mL氢氧化钠标准滴定溶液（c_{NaOH}＝1mol/L)，加入25mL 95%乙醇，在水浴上回流30min，冷却至室温，用少量无二氧化碳的水冲洗冷凝管壁，加2滴酚酞指示液（10g/L)，用盐酸标准滴定溶液（c_{HCl}＝0.5mol/L）滴定至红色消失即为终点。同时做空白试验。

将所得数据代入下列公式：

$$w_1=\frac{0.1392\ (V_1-V_2)\ c_{HCl}}{m}\times 100\%-1.6755w_2$$

式中 w_1——邻苯二甲酸二正丁酯的含量，%；

w_2——酸值（以邻苯二甲酸的质量分数表示）；

V_1——空白消耗盐酸标准滴定溶液的体积，mL；

V_2——样品消耗盐酸标准滴定溶液的体积，mL；

c_{HCl}——盐酸标准滴定溶液的实际浓度，mol/L；

0.1392——与1.00mL盐酸标准滴定溶液（c_{HCl}＝1.000mol/L）相当的邻苯二甲酸二丁酯的质量（以克计）；

1.6755——酸度转化为酯含量的换算系数；

m——样品的质量，g。

（2）邻苯二甲酸二正丁酯酸值的测定

先量取20mL无水乙醇，加入两滴酚酞指示液（10g/L)，用氢氧化钠标准滴定溶液（c_{NaOH}＝0.05mol/L）滴定至溶液呈粉红色，保持30s。再称取5g样品，精确至0.01g，加入20mL中性乙醇及两滴酚酞指示液（10g/L)，用氢氧化钠标准滴定溶液（c_{NaOH}＝0.05mol/L）滴定至溶液呈粉红色，保持30s。将所得实验数据按以下公式计算：

$$w_2=\frac{0.08307Vc_{NaOH}}{m}\times 100\%$$

式中 w_2——酸值（以邻苯二甲酸计），%；

V——样品消耗氢氧化钠标准滴定溶液的体积，mL；

c_{NaOH}——氢氧化钠标准滴定溶液的浓度，mol/L；

0.08307——与1.00mL氢氧化钠标准滴定溶液（c_{NaOH}＝1.000mol/L）相当的邻苯二甲酸的质量（以克计）；

m——样品的质量，g。

六、注释

［1］邻苯二甲酸酐和正丁醇作用生成邻苯二甲酸二正丁酯的反应是分两步进行的，第一步生成邻苯二甲酸单丁酯，这步反应进行得较迅速和完全；反应的第二步是可逆反应，这一步需要较高的温度和较长的时间，并要通过分水器将反应过程中生成的水不断从反应体系中

移去。

[2] 邻苯二甲酸二正丁酯在有无机酸存在下，温度高于 180℃易发生分解反应。

[3] 邻苯二甲酸二正丁酯可在不同压力下蒸馏，其沸程与压力的关系见表 4-2 中。

表 4-2 邻苯二甲酸二正丁酯的沸程与压力的关系

压力/Pa (mmHg)	2666 (20)	1333 (10)	666.5 (5)	266.6 (2)
沸程/℃	200～210	180～190	175～180	165～170

七、思考题

1. 丁醇在硫酸存在下加热至高温时，可能有哪些副反应？
2. 如果浓硫酸用量过多，会有什么不良影响？

八、原始数据记录参考

1. 粗产物合成阶段：分水器中所加水的体积；加热电压；酯化反应时间；反应结束时共分出水的体积等。

2. 粗产物洗涤、精制阶段：中和时耗 10%碳酸钠体积；减压蒸馏时系统内压力；前馏分流出温度、体积；产物流出温度、体积等。

3. 酸值测定阶段：量取产物的质量；消耗氢氧化钠标准滴定溶液体积；氢氧化钠标准滴定溶液浓度等。

实验二十一 阿司匹林的制备

一、实验目的

1. 学习用乙酸酐作酰基化试剂酰化水杨酸制备乙酰水杨酸的酯化方法。
2. 巩固重结晶、抽滤等基本操作。
3. 了解乙酰水杨酸的应用价值和一些药物研制开发的过程，培养科学的思想方法。

二、实验原理

乙酰水杨酸即阿司匹林（aspirin），是 19 世纪末合成成功的，它是一种非常普通的、有效的解热镇痛药，至今仍广泛使用，有关报道表明，阿司匹林还可以软化血管，药物化学家们正在发现它的某些新功能。1897 年 8 月 10 日，德国拜耳公司费利克斯·霍夫曼成功地将阿司匹林合成出来。阿司匹林是由水杨酸（邻羟基苯甲酸）与乙酸酐进行酯化反应而得的。水杨酸可由水杨酸甲酯即冬青油（由冬青树提取而得）水解制得。

主反应：

$$o\text{-}HOC_6H_4COOH + (CH_3CO)_2O \xrightarrow{H^+} o\text{-}CH_3COOC_6H_4COOH + CH_3COOH$$

阿司匹林是一种具有双官能团的化合物，其中一个官能团是酚羟基，另一个官能团是羧基，羧基和羟基都可以发生酯化，而且还可以形成分子内氢键，阻碍酰化和酯化反应的发生。

三、药品与仪器

1.药品：水杨酸；乙酸酐；浓硫酸；冰；饱和碳酸氢钠；100g/L 三氯化铁溶液；浓盐酸。

2.仪器：50mL 非标准口锥形瓶；玻璃棒（一头带尖的）；5mL 量筒；滴管；布氏漏斗；吸滤瓶；刮刀；循环水真空泵；滤纸；烧杯；电热套；天平等。

四、实验步骤

1.产物制备

在 50mL 干燥的锥形瓶中加 3.2g（0.0228mol）干燥的水杨酸和 4.5mL（约 4.8g，0.046mol）的乙酸酐[1]，然后加 5 滴浓硫酸，充分振摇使固体全部溶解。在水浴上加热，保持瓶内温度在 70℃左右[2]，维持 10min，并时加振摇。稍微冷却后，在不断搅拌下倒入 50mL 冷水中，并用冰水冷却 10min，抽滤，乙酰水杨酸粗产物用冰水洗涤两次，烘干得乙酰水杨酸粗产物，约 3.8g。

重结晶粗产物，可用乙醇-水[3]（2%乙醇约 30mL）进行重结晶，抽滤、干燥[4]、称重（产物约 3.3g），计算产率。

乙酰水杨酸为白色针状结晶，熔点为 136℃。

2.产物分析

在 2 支试管中分别加 0.05g 水杨酸和本实验制得的阿司匹林，再加入 1mL 乙醇使晶体溶解。然后在每个试管中加入几滴 100g/L 三氯化铁溶液[5]，观察其结果并加以对照，以确定产物中是否有水杨酸存在。

五、注释

[1] 仪器要全部干燥，药品也要提前经干燥处理，乙酸酐要使用新蒸馏的，收集 139～140℃的馏分。

[2] 本实验中要注意控制好温度（水温 85～90℃）。

[3] 产物用乙醇-水或苯-石油醚（60～90℃）重结晶。

[4] 乙酰水杨酸受热后易发生分解，分解温度为 126～135℃，因此重结晶时不宜长时间加热，要控制水温，产物自然晾干。

[5] 为了检验产物中是否还有水杨酸，利用水杨酸属酚类物质可与三氯化铁发生颜色反应的特点，用几粒结晶加入盛有 3mL 水的试管中，加入 1～2 滴 1% $FeCl_3$ 溶液，观察有无颜色反应（紫色）。

六、思考题

1.在阿司匹林的制备中，加硫酸的作用是什么？能否用水杨酸与乙酸直接酯化来制备乙酰水杨酸？

2.在合成阿司匹林时有少量高聚物生成，写出此高聚物的结构。

3.产物阿司匹林中最可能存在的杂质是什么？它是怎样带进来的？如何检验其存在？

4. 设计一实验方案，除去生成的少量高聚物，使粗产物纯化。

实验二十二　二亚苄基丙酮的制备

一、实验目的

1. 学习利用羟醛缩合反应增长碳链的原理和方法。
2. 学习利用反应物的投料比控制反应物。

二、实验原理

具有 α-氢的醛酮在稀酸或稀碱催化下发生分子间的缩合反应生成 β-羟基醛酮，若升高反应温度则进一步失水生成 α,β-不饱和醛酮。这一反应称作羟醛缩合（也叫醇醛缩合）反应。该反应是合成 α,β-不饱和羰基化合物的重要方法，也是有机合成中增长碳链的重要方法之一。

在氢氧化钠-乙醇水溶液中，用一个芳香醛和一个脂肪族的醛酮进行交叉缩合反应，得到产率很高的 α,β-不饱和醛酮，这种反应称为克莱森-施密特（Claisen-Schmidt）反应。本实验利用苯甲醛与丙酮（物质的量之比为 2∶1）在氢氧化钠-乙醇水溶液中室温下反应，得到二亚苄基丙酮。

$$2PhCHO+CH_3COCH_3 \xrightarrow[-2H_2O]{OH^-} PhCH{=}CH{-}\overset{\overset{\large O}{\|}}{C}{-}CH{=}CHPh$$

此反应条件有利于二亚苄基丙酮的形成，因产物生成后就从反应介质中沉淀出来，而反应物和中间产物——亚苄基丙酮都溶于稀乙醇中，有利于反应进行完全。

三、药品与仪器

1. 药品：苯甲醛；丙酮；95%乙醇；10%NaOH；冰醋酸；冰；无水乙醇。
2. 仪器：锥形瓶；烧杯；烘箱；磁力搅拌器；循环水真空泵；电热套。

四、实验步骤

（1）将 2.7mL（0.025mol）新蒸馏的苯甲醛[1]、0.9mL（0.0125mol）丙酮[2]、20mL 95%乙醇和 25mL 10%NaOH 在电磁搅拌[3] 下依次加入 100mL 锥形瓶中。

（2）室温[4] 下继续搅拌 20min。

（3）抽滤，用水洗涤，抽干水分。

（4）用 0.5mL 冰醋酸和 13mL 95%乙醇配成混合液浸泡洗涤，抽滤，水洗，抽干。

（5）将固体移到 100mL 三角烧瓶中，用无水乙醇（约 13mL）进行重结晶（颜色不对时可加少量活性炭脱色），用冰水冷到 0℃。

（6）抽滤，将产物放在表面皿（或纸）上干燥[5]，称重，计算产率（产量 2g，产率 68%）。纯二亚苄基丙酮为淡黄色片状晶体，m. p. 为 113℃。

五、注释

[1] 苯甲醛要新蒸馏的，因为苯甲醛易氧化，会含有苯甲酸，将明显地影响二亚苄基丙

酮的产率。

[2] 试剂的用量要准确，若丙酮过量则生成亚苄基丙酮。

[3] 注意电磁搅拌器的安装与使用。

[4] 反应温度高于 30℃或低于 15℃均对反应不利。

[5] 烘干温度应控制在 50～60℃，以免产物熔化或分解。

六、思考题

本实验中可能会产生哪些副反应？若碱的浓度偏高时有什么不好？

实验二十三　甲基橙的制备

一、实验目的

1. 通过甲基橙的制备学习重氮化反应和偶合反应的实验操作。
2. 巩固盐析和重结晶的原理和操作。

二、实验原理

甲基橙是指示剂，它是由对氨基苯磺重氮盐与 N,N-二甲基苯胺的乙酸盐，在弱酸介质中偶合得到的。偶合先得到的是红色的酸式甲基橙，称为酸性黄，在碱性中酸性黄转变为甲基橙的钠盐，即甲基橙。

(1) 重氮化反应

$$HO_3S-C_6H_4-NH_2 \longrightarrow {}^{-}O_3S-C_6H_4-\overset{+}{N}H_3 \xrightarrow{NaOH} NaO_3S-C_6H_4-NH_2 + H_2O$$

(2) 偶合反应

$$NaO_3S-C_6H_4-NH_2 \xrightarrow[HCl]{NaNO_2} \left[HO_3S-C_6H_4-\overset{+}{N}\equiv N\right]Cl^- + C_6H_5-N(CH_3)-CH_3$$

$$\xrightarrow{HOAc} \left[HO_3S-C_6H_4-\underset{+}{\overset{H}{N}}=N-C_6H_4-N(CH_3)-CH_3\right]OAc^- \xrightarrow{质子迁移}$$

酸式甲基橙

$$NaO_3S-C_6H_4-N=N-C_6H_4-N(CH_3)-CH_3$$

甲基橙

三、药品与仪器

1. 药品：对氨基苯磺酸；10%氢氧化钠；亚硝酸钠；浓盐酸；冰醋酸；N,N-二甲基苯胺；乙醇；乙醚；淀粉-碘化钾试纸；饱和氯化钠；冰。

2. 仪器：烧杯；温度计；表面皿；玻璃棒；滴管；小试管；电热套；天平；吸滤瓶；布氏漏斗；循环水真空泵。

四、实验步骤

1.方法一

（1）重氮盐的制备

① 在 50mL 烧杯中，加 1g（0.005mol）对氨基苯磺酸，5mL 5%NaOH 溶液，热水浴中温热使之溶解。

② 冷至室温后（最好用冰盐浴冷却至 0℃以下），加 0.4g（0.005mol）亚硝酸钠，溶解。

③ 搅拌下将混合物分批滴入装有 6.5mL 冰冷的水和 1.3mL 浓盐酸的烧杯中，使温度保持在 5℃以下（重氮盐为细粒状白色沉淀）。

④ 在冰浴中放置 15min，使重氮化反应完全。

（2）偶合反应

① 在另一烧杯中将 0.6g（0.7mL，0.005mol）*N*,*N*-二甲基苯胺溶于 0.5mL 冰醋酸中，不断搅拌下将此溶液慢慢加到上述重氮盐溶液中，继续搅拌 10min，使反应完全。

② 慢慢加入 8mL 10%氢氧化钠溶液（此时反应液为碱性），反应物（甲基橙）呈橙色粒状沉淀析出。

③ 将反应物在沸水浴上加热 5min，沉淀溶解，稍冷，置于冰浴中冷却，抽滤，用饱和 NaCl 冲洗烧杯两次，每次 5mL，并用此冲洗液洗涤产物，抽干。

④ 重结晶：粗产物用 30mL 热水重结晶。待结晶析出完全，抽滤，依次用少量水、乙醇和乙醚洗涤，压紧抽干，得片状结晶。

⑤ 产物干燥（烘箱中烘干，温度调到 70℃），称重（产量约 1g），计算产率。

（3）检验

溶解少许产物，加几滴稀 HCl（变红），然后用稀 NaOH 中和（变黄），观察颜色变化。

2.方法二

（1）重氮盐的制备

在 50mL 烧杯中，加入 1g 对氨基苯磺酸结晶和 5mL 5%氢氧化钠溶液[1]，温热使结晶溶解，用冰盐浴冷却至 0℃以下。另在一试管中配制 0.4g 亚硝酸钠和 3mL 水的溶液。将此配制液也加入烧杯中。维持温度 0～5℃，在搅拌下[2,3]，慢慢用滴管滴入 1.5mL 浓盐酸和 5mL 水溶液，直至用淀粉-碘化钾试纸检测呈现蓝色为止，继续在冰盐浴中放置 15min，使反应完全，这时有白色细小晶体析出。

（2）偶合反应

在试管中加入 0.7mL *N*,*N*-二甲基苯胺和 0.5mL 冰醋酸，并混匀。在搅拌下将此混合液缓慢加到上述冷却的重氮盐溶液中，加完后继续搅拌 10min。缓缓加入约 8mL 10%氢氧化钠溶液，直至反应物变为橙色（此时反应液为碱性）。甲基橙粗品呈细粒状沉淀析出。将反应物置沸水浴中加热 5min，冷却后，再放置于冰浴中冷却，使甲基橙晶体析出完全。抽滤，用 10mL 饱和氯化钠溶液洗涤两次，压紧抽干。干燥后得粗品约 1.5g。

粗产物用 1%氢氧化钠进行重结晶[4]。待结晶析出完全，抽滤，依次用少量水、乙醇和乙醚洗涤[5]，压紧抽干，得片状结晶。产量约 1g。

（3）检验

将少许甲基橙溶于水中，加几滴稀盐酸，然后再用稀碱中和，观察颜色变化[6]。

五、注释

[1] 对氨基苯磺酸为两性化合物，酸性强于碱性，它能与碱作用成盐而不能与酸作用成盐。因此进行重氮化时，首先将对氨基苯磺酸与碱作用变成水溶性较大的钠盐。

[2] 重氮化过程中，要搅拌使重氮化反应完全。

[3] 应严格控制温度，反应温度若高于5℃，生成的重氮盐易水解为酚，降低产率，导致失败。

[4] 重结晶操作要迅速，否则由于产物呈碱性，在温度高时易变质，颜色变深。

[5] 用乙醇和乙醚洗涤的目的是使其迅速干燥，湿的甲基橙受日光照射，颜色会变深，通常在65～75℃烘干。

[6] 方法二中，若试纸不显色，需补充亚硝酸钠溶液。

六、思考题

1. 在重氮盐制备前为什么还要加入氢氧化钠？如果直接将对氨基苯磺酸与盐酸混合后，再加入亚硝酸钠溶液进行重氮化操作行吗？为什么？

2. 制备重氮盐为什么要维持0～5℃的低温，温度高有何不良影响？

3. 重氮化为什么要在强酸条件下进行？偶合反应为什么要在弱酸条件下进行？

4. 简述甲基橙在酸碱介质中变色的原因，并用反应式表示。

5. N,N-二甲基苯胺与重氮盐偶合为什么总是在氨基的对位上发生？

4.3 设计性实验

学生在训练基本操作、基本有机合成和性质实验后，已基本掌握有机化学实验的基本知识，具有初步查阅文献资料和进行多步有机合成实验的能力。在此基础上，安排一定时间开展文献实验，进行较全面的综合训练，对提高学生独立从事有机化学实验和培养独立分析、解决问题的能力，学习新方法、接触新领域、扩大知识面等都有重要意义。实验课指导教师提前进行布置，提出要求，针对一些发展前沿及密切联系生产实际和地方资源特色的内容，题目在一定范围内由学生自选。全部文献资料，合成路线，反应条件，操作方法，药品种类、用量，仪器规格等都由个人完成，在教师指导下进行，并要求对所得产物使用各种方法、仪器进行分析鉴定，进行数据处理和产量、产率计算，对实验过程中出现的现象和问题进行一定讨论。按文献实验要求写出文献实验报告，实验后写出小论文，在学生中进行交流和讨论，最后由老师和学生共同评出实验成绩。

实验要求如下：

1. 设计实验方案

(1) 由教师给定实验题目，学生通过查阅文献资料、化学手册制订合理的实验方案，并按照实验目的、实验原理、化学试剂（需要标注规格、浓度）、使用仪器、实验步骤和实验注意事项等写出实验方案。

(2) 实验方案经教师检查合格后开始进行实验。

2.自主完成实验

(1) 按照实验规范操作，巩固基础实验操作能力。

(2) 在实验过程中，教师要进行全程督导，确保学生和仪器的安全，并且及时纠正学生实验过程中的错误操作，避免危险的发生；学生在实验过程中要认真思考、认真观察、认真记录和认真讨论，提升分析问题和解决问题的能力。

设计题目一：由环己醇制备己二酸二酯

一、实验目的

(1) 通过完成由环己醇经环己烯、己二酸制备己二酸二酯的实验，锻炼学生进行综合实验的能力。

(2) 查阅资料，调研工业上、实验室中实现有关反应的具体方法。

(3) 分析各种方法的优缺点，作出自己的选择。

(4) 结合实验室条件，设计并进行有关的实验。

(5) 训练学生按科技论文形式进行写作。

二、实验原理

$$\text{OH} \xrightarrow{-H_2O} \quad \xrightarrow{[O]} \begin{matrix}\text{COOH}\\\text{COOH}\end{matrix} \xrightarrow[H^+]{HOR} \begin{matrix}\text{COOR}\\\text{COOR}\end{matrix}$$

三、实验任务

1.预习部分

(1) 配平有关的反应方程式。

(2) 按使用20g环己醇为起始物设计制备实验流程。

(3) 查阅有关反应物和产物及使用的其他物质的物理常数。

(4) 分析资料，提出设计方案。

(5) 列出使用的仪器设备，并画出仪器装置图。

(6) 提出各步反应的后处理方案。

(7) 提出产物的分析测试方法和打算使用的仪器。

2.实验部分

(1) 指导教师审查学生的设计方案。

(2) 学生独立完成实验操作，如果失败，必须重做。

(3) 鼓励学生按自己的合成思路，对不同的实验条件进行反复探索，总结经验。

(4) 提倡对所做实验的深入研究，不刻意追求完成实验的多寡。

(5) 对所得产物都要进行测试分析；以分析测试手段来表征合成的结果。

(6) 做好实验记录，教师签字确认。

四、报告部分

(1) 以论文形式完成。

(2) 对实验现象进行讨论。

(3) 整理分析实验数据。

(4) 给出结论。

设计题目二：乙酸异戊酯的绿色合成条件研究

一、实验目的

1. 加深对绿色化学概念和意义的理解，掌握绿色化学的基本方法原理。

2. 初步学习如何对绿色化学反应的实验路线方案进行设计和筛选。

3. 掌握乙酸异戊酯绿色合成的实验方法和技巧。

二、实验原理

有机化学实验的另一个重要问题是反应条件（实验参数）的确定。一个化学反应的实验条件由反应物结构、数量、催化剂、温度等参数所决定。反应条件直接影响反应物的转化率和产物的产率。适宜的反应条件，需要通过查阅资料，参照相似的反应，设计实验参数，然后经过反复实践、比较、筛选才能最后确定下来。

乙酸异戊酯是一种用途广泛的有机化工产品，具有水果香味，略带花香，存在于苹果、香蕉等果实中，主要作为食用香料和溶剂使用。乙酸异戊酯的合成方法很多，但工业上主要以浓硫酸为催化剂，由乙酸和异戊醇直接经酯化反应制得。虽然硫酸反应活性较高、价廉，但却存在着腐蚀设备、反应时间长、副反应多、产品纯度低、后处理过程复杂、污染环境等缺点，不符合绿色化学发展的要求。因此，本实验要对乙酸异戊酯的绿色催化合成进行深入的研究，以寻求绿色酯化反应的催化剂及适宜的工艺条件。

三、实验任务

1. 预习部分

(1) 学生自己查阅相关资料。

(2) 根据酯化反应的特点及绿色化学的方法和原理，学生自行设计出乙酸异戊酯绿色合成的几种可对比的实验条件（如对催化剂的选择、催化剂的用量、醇酸比、反应时间、催化剂的回收再利用等，并进行单因素多水平的实验条件考查）。

(3) 学生根据自己设计的实验条件选择实验仪器、设备，准备实验试剂。

(4) 学生应提出最佳实验条件的选择方法及判定依据。

(5) 初步阐明你的实验条件对绿色化学的贡献。

2. 实验部分

(1) 由指导教师审查学生的设计方案，经指导教师同意后，可进行具体实验。

(2) 由学生按照自己设计的实验条件独立完成实验操作。

(3) 鼓励学生对不同的实验条件进行反复探索，掌握其中的规律，通过计算对比各种条件下的产率，并尽可能的解释原因。

（4）进行各种实验条件下的反应平衡常数测定。

（5）实验过程中需认真做好实验记录，实验完毕后经指导教师签字确认。

四、报告部分

（1）以小论文形式完成。

（2）阐述绿色化学的相关内容及本实验的绿色化学方法。

（3）对各种实验条件进行分析讨论。

（4）整理分析实验数据，计算相应实验条件下的产率及酯化反应的近似平衡常数。

（5）总结出乙酸异戊酯绿色合成的操作方法和条件。

（6）对乙酸异戊酯的绿色合成方法进行经济性分析。

设计题目三：手工皂的制作

一、实验目的

在综合性大学里开设与日常生活相关的应用型实验，对普及化学知识，培养本科生的创新意识和提高实践能力具有重要的意义。个性手工皂的制作是兼趣味性与创造性于一体的设计性实验，制作过程富于创造性，实验不仅能提高学生的动手能力，而且能使制作者充分发挥自己的想象力。在制作手工皂的过程中，学生可添加各种天然的精油、花草、药草、豆类、奶类等，制作出个性化十足的手工皂。通过本实验使学生真正体验到实验带来的乐趣，激发起学生实验动手的热情。

二、实验原理

人类使用肥皂有3000多年的历史，制皂工艺发展已经相当成熟。肥皂的制作方法有很多，但是市售肥皂的制作工艺要考虑经济效益，较少使用天然的植物油。进入21世纪以来，人们更加渴望回归自然，以不添加太多人工材料为诉求，用大自然的原始素材作为原料。正是在这种情况下，手工皂的制作方法越来越多地受到国内外“DIY”爱好者的关注。

肥皂的主要成分是硬脂酸钠（可简写为RCOONa），通常是油脂和碱经过皂化反应而生成的，其中含C_{12}～C_{18}的脂肪酸含量最高。从结构上看，脂肪酸钠的分子中含有非极性的憎水部分（烃基）和极性的亲水部分（羧基）。在洗涤时，烃基靠范德华力与油脂连接，而羧基靠氢键与水结合，这样油滴就被肥皂分子包围起来，分散并悬浮于水中形成乳浊液，再经过摩擦振动被清洗掉。

手工皂与合成洗涤剂相比更加环保。硬脂酸钠一旦被稀释，或是遇到酸性物质被中和，就有将被包围的污垢全部放掉的特性，在洗后的皮肤上和排出的污水中，都无法再发挥界面活性作用，其流入湖泊和海洋只需要24h就会被细菌分解，对水环境和水生动植物的影响小。

三、实验任务

1.预习部分

（1）学生自己查阅相关资料。

(2) 学生自行设计出手工皂绿色合成的几种可对比的实验条件，优化出最佳实验条件。

(3) 学生根据自己设计的实验条件选择实验仪器、设备，准备实验试剂。

(4) 学生应提出最佳实验条件的选择方法及判定依据。

2. 实验部分

(1) 手工皂原料配比的计算

制作手工皂的原料十分简单，主要为油脂、碱、蒸馏水和添加物，其中关键是确定油脂的配比和碱的用量。

在确定油脂的种类和具体配比之后，根据皂体的总质量计算出各种油脂的具体质量，然后按照油脂的皂化值计算出所需要的碱的质量。在制作手工皂的过程中，为了使手工皂对皮肤更加温和，通常会适当减少一些碱的用量或者增加一些油量，让手工皂里残留一些油脂，这种方法称为超脂。超脂有两种方法，即“减碱”和“加油”。减碱是在计算配方时，先扣除5%～10%的碱量，使皂化后仍有少许油脂未与碱作用而留下，以达到使成品不干涩的效果。一般来说，减碱越多，成品的pH越低，也越滋润。加油是以正常比例制作，直到皂液呈浓稠状后再加入5%的油脂，由于比例不高且先前的皂化已经完成，加入稍过量油脂的步骤并不能对皂化过程产生其他影响，而后来添加的油脂，因为没有多余的碱可以作用，所以油脂本身的特质和功效也比较容易被保留在肥皂里，达到滋润肌肤的理想功效。

最后确定蒸馏水的用量。由于影响此反应的主要是油脂与碱，所以水的用量不是很严格，一般是碱用量的3～4倍。

以上油脂和碱配比的具体用量需根据自己挑选的油脂种类自行计算得出。

(2) 皂化操作

采用冷制法制作手工肥皂过程的温度不能太高，应控制适当低温。将按比例设定的油脂准确称量后倒入烧杯，同时将计算得到并配制好的碱液也倒入烧杯中。控制水浴温度为37℃左右。反应1h左右，初步皂化完毕，就可以把烧杯里的皂液取出来了。

此时烧杯里的黏稠状皂液是半成品。如果想设计独特的手工皂，如增加色彩和香味，则需要添加色素、香料、营养元素等特殊物质。例如：制作不同色彩的手工皂，可以分别添加红葡萄酒（红色）、菠菜汁（绿色）、巧克力（咖啡色）、牛奶（乳白色）、胡萝卜色素（黄色）、花瓣（杂色）等；制作不同香味的手工皂，可以添加植物精油（花精油）或者其他香味的物质（香水）。由于这类具有特殊香味的物质遇到强碱或受热易分解，因此这些物质在最后混入少量油脂再加入到皂液半成品中，待这些物质与皂液混合均匀后尽快停止反应。

(3) 固化成型

皂化反应完成后，要将皂液倒入木盒、硅胶模等模具内，放置20天到1个月的时间。这期间剩余的碱性物质和油脂继续反应，或与空气中的二氧化碳反应生成碳酸钠，碱性逐渐降低。手工皂的pH降低到8左右时才能正常使用，这是因为手工皂的碱性过强时，容易伤害皮肤。

四、报告部分

(1) 自行设计实验，写出实验报告，并测定肥皂中的含水量，计算皂化值。

(2) 对实验条件进行分析讨论。除了文中提到的物质，还有哪些方法可以增添肥皂的色彩？

第5章　有机化合物的鉴定

官能团的定性鉴定就是利用有机化合物中各种官能团的不同特性，可与某些试剂反应产生特殊的现象（颜色变化、沉淀析出等）来证明样品中是否存在某种预期的官能团。官能团的定性鉴定具有反应快、操作简便的特点，可迅速为鉴定化合物的结构提供重要信息，因而是一种常用的方法。有机化合物分子在化学反应中直接发生变化的部分大多局限于官能团上，官能团的特性反应往往决定了该类化合物的化学性质，所以官能团的定性鉴定试验也常称为化合物的性质试验。

同一官能团处于不同分子的不同部位，其反应性能受分子其他部分的影响而有些差异，所以在官能团定性鉴定试验中例外情况是常见的；此外还可能存在着其他的干扰因素，所以有时需要用几种不同的方法来确认一种官能团的存在，或确认官能团在分子中的位置。

5.1　烷、烯、炔的鉴定

烷烃是饱和化合物，分子中只有C—H键和C—C键，在一般条件下稳定，在特殊条件下可发生取代反应。

烯烃的官能团是C═C键，炔烃的官能团是C≡C键。这些不饱和键可与棕红色的溴发生加成反应，使溴的棕红色褪去；也可被高锰酸钾所氧化，使高锰酸钾溶液的紫色褪去并产生黑褐色的二氧化锰沉淀。这两类反应都可作为不饱和键的鉴定反应，但也都有一些例外情况和干扰因素，故常需兼做。

链端炔含有活泼氢（—C≡C—H），可与银离子或亚铜离子作用生成白色炔化银或红色炔化亚铜沉淀，以区别于链间炔及烯烃。

（1）溴的四氯化碳溶液试验

在干燥的试管中加入2mL 2%溴的四氯化碳溶液，再加入4滴样品（如样品为固体，可取数毫克溶于0.5～1mL四氯化碳中，取此溶液滴加；如样品为乙炔，则通入乙炔气体1～2min，下同），摇荡，观察颜色变化。用4滴环己烷代替不饱和样品进行同样试验，观察有无颜色变化，如无，放在太阳光（或日光灯）下照射15～20min再观察，解释所观察到的现象。相关反应为：

$$C=C + Br_2 \longrightarrow \underset{Br}{C}-\underset{Br}{C}$$

$$-C\equiv C- + 2Br_2 \longrightarrow -CBr_2-CBr_2-$$

$$\text{环己烷} + Br_2 \xrightarrow{h\nu} \text{环己基}-Br + HBr$$

例外情况和干扰因素：少数烯烃（如反丁烯二酸）或炔烃不与溴加成或反应很慢，使试验呈阴性。某些存在烯醇式结构的醛酮（如2,4-戊二酮、乙酰乙酸乙酯等），某些带有强活化基团的芳香烃（如茴香醚）等也会使溴褪色。

(2) 稀高锰酸钾溶液试验

在小试管中加入2mL 1%高锰酸钾水溶液，然后加入2滴样品（若样品为固体，可取数毫克溶于0.5～1mL水或丙酮中，取此溶液滴加），摇荡，观察有无颜色变化、沉淀生成。解释所观察到的现象。

相关反应：

$$C=C + MnO_4 \longrightarrow -\underset{OH}{C}-\underset{OH}{C}- + MnO_2\downarrow$$

$$\xrightarrow{[O]} C=O + O=C$$

$$R-C\equiv C-R' + MnO_4 \longrightarrow R-COO^- + R'-COO^- + MnO_2$$

干扰因素：某些醛、酚和芳香胺等也可使高锰酸钾溶液褪色从而干扰试验结果。

(3) 银氨溶液试验

在试管中加入0.5mL 5%硝酸银溶液，再加1滴5%氢氧化钠溶液，产生大量灰色的氢氧化银沉淀。向试管中滴加2%氨水溶液直至沉淀恰好溶解为止。在此溶液中加入2滴样品或通入乙炔气体1～2min，观察有无白色沉淀生成。试验完毕，向试管中加入1∶1的稀硝酸分解炔化银，因为它在干燥时有爆炸危险。

样品：精制石油醚、环己烯、乙炔。

相关反应：

$$AgNO_3 + NaOH \longrightarrow NaNO_3 + AgOH\downarrow \text{（灰色）}$$

$$2AgOH \longrightarrow Ag_2O + H_2O$$

$$Ag_2O \xrightarrow{4NH_3\cdot H_2O} 2[Ag(NH_3)_2]OH + 3H_2O$$

$$R-C\equiv CH + [Ag(NH_3)_2]OH \longrightarrow R-C\equiv CAg\downarrow + 2NH_3 + H_2O$$

(4) 铜氨溶液试验

取绿豆粒大的固体氯化亚铜，溶于1mL水中，然后滴加浓氨水至沉淀全溶，在此溶液中加入2滴样品或通入乙炔2min，观察有无红色沉淀生成。

样品：精制石油醚、粗汽油（或环己烯）、乙炔。

相关反应：

$$HC\equiv CH + 2Cu(NH_3)Cl \longrightarrow CuC\equiv CCu\downarrow + 2NH_4Cl$$

5.2 卤代烃的鉴定

由元素定性鉴定可测知化合物是否含有卤素以及是何种卤素，然后根据卤代烃中卤素的活泼性大小来推测卤代烃母体结构的可能类型。

(1) 硝酸银试验

在小试管中加入 5%硝酸银溶液 1mL，再加入 2～3 滴样品（固体样品先用乙醇溶解），振荡并观察有无沉淀生成。如立即产生沉淀，则样品可能为苄基卤、烯丙基卤或叔卤代烃。如无沉淀生成，可加热煮沸片刻再观察，加热后若生成沉淀，则加入 1 滴 5%硝酸并摇振，沉淀不溶解者，样品可能为仲卤代烃或伯卤代烃。如加热仍不能生成沉淀，或生成的沉淀可溶于 5%硝酸，则样品可能为乙烯基卤或卤代芳烃或同碳多卤代化合物。

样品：正氯丁烷、仲氯丁烷、叔氯丁烷、正溴丁烷、溴苯、溴苄、氯仿。

相关反应：

$$RX + AgNO_3 \longrightarrow RONO_2 + AgX\downarrow$$

试验原理：本试验的反应为 S_N1 反应，卤代烃的活泼性取决于烃基结构。最活泼的卤代烃是那些在溶液中能形成稳定的碳正离子和带有良好离去基团的化合物。当烃基不同时，活泼性次序如下：

$$C_6H_5-CH_2X \approx \;>C=C<_{CH_2X}\; \geqslant R_3CX > R_2CHX > RCH_2X > CH_3X > \;>C=C<_{X}\; \approx C_6H_5-X$$

故苄基卤、烯丙基卤和叔卤代烃不经加热即可迅速反应；仲卤代烃及伯卤代烃需经加热才能反应；乙烯基卤、卤代芳烃和在同一碳原子上多卤取代的化合物即使加热也不反应。

当烃基相同而卤素不同时，活泼性次序为：RI>RBr>RCl>RF。

氢卤酸的铵盐、酰卤也可与硝酸银溶液反应立即生成沉淀，可能干扰本试验。羧酸也能与硝酸银反应，但羧酸银沉淀溶于稀硝酸，不致形成干扰。

(2) 碘化钠溶液试验

在试管中加入 15%碘化钠丙酮溶液，加入 4～5 滴样品并记下加入样品的时间，摇振后观察并记录生成沉淀的时间。若在 3min 内生成沉淀，则样品可能为伯卤代烃。如 5min 内仍无沉淀生成，可在 50℃水浴中温热 6min（注意勿超过 50℃），移离水浴，观察并记录可能的现象变化。此时若生成沉淀，则样品可能为仲卤代烃或叔卤代烃。若经加热仍无沉淀，可能为卤代芳烃、乙烯基卤。

样品：1-氯丁烷、2-氯丁烷、2-溴丁烷、叔丁基氯、溴苯。

相关反应：

$$RCl + NaI \xrightarrow{(丙酮)} NaCl\downarrow + RI$$

$$RBr + NaI \xrightarrow{(丙酮)} NaBr\downarrow + RI$$

试验原理：碘化钠溶于丙酮，形成的碘负离子是良好的亲核试剂。在试验条件下碘离子取代样品中的氯或溴，反应是按 S_N2 历程进行的，反应的速率顺序是 $RCH_2X > R_2CHX > R_3CX$，而卤代芳烃或乙烯基卤则不发生取代反应。生成的氯化钠或溴化钠不溶于极性较小的丙酮，因而成为沉淀析出，从析出沉淀的速度可以粗略推测样品的烃基结构。

5.3 醇的鉴定

(1) 乙酰氯试验

取无水醇样品 0.5mL 于干燥试管中，逐渐加入 0.5mL 乙酰氯，振荡，注意是否发热。向管口吹气，观察有无氯化氢的白雾逸出。静置 1～2min 后倒入 3mL 水，加入碳酸氢钠粉末使呈中性，如有酯的香味，说明样品为低级醇。

样品：乙醇、丙醇、异戊醇。

相关反应：

$$CH_3COCl + ROH \longrightarrow CH_3COOR + HCl\uparrow$$

试验原理：乙酰氯直接作用于无水醇，发热并生成酯。低级醇制备的乙酸酯有特殊水果香味，易检出。高级醇制备的乙酸酯香味很淡或无香味，不易检出。

(2) 硝酸铈铵试验

硝酸铈铵溶液的配制：取 10g 硝酸铈铵加入 25mL (2mol) 的硝酸中，加热溶解后冷至室温。

鉴定试验：将 2 滴液体样品（或 50mg 固体样品）溶于 2mL 水中（若样品不溶于水，可使之溶于 2mL 二氧六环中），再加入 0.5mL 硝酸铈铵溶液，振荡并观察颜色变化。溶液呈红色或橙红色表明样品为低级醇。以空白试验作对照。

样品：乙醇、苄醇、甘油、环己醇。

相关反应：

$$(NH_4)_2Ce(NO_3)_6 + ROH \longrightarrow HNO_3 + (NH_4)_2Ce(OR)(NO_3)_5$$

试验原理：含 10 个碳以下的醇与硝酸铈铵作用，生成红色的络合物，溶液的颜色由橙黄色转变为红色或橙红色。

(3) Lucas 试验

Lucas 试剂的配制：将无水氯化锌在蒸发皿中加强热熔融，稍冷后放进干燥器中冷至室温，取出捣碎，称取 34g，溶于 23mL 浓盐酸（$d=1.187$）中。配制过程需加以搅动，并把容器放在冰水浴中冷却，以防止 HCl 大量挥发。

伯、仲叔醇的鉴定：在小试管中加入 5～6 滴样品及 2mL Lucas 试剂，塞住管口振荡后静置观察。若立即出现浑浊或分层，则样品可能为苄醇、烯丙型醇或叔醇；若静置后仍不见浑浊，则放在温水浴中温热 2～3min，振荡后再观察，出现浑浊并最后分层者为仲醇。不发生反应者为伯醇。

样品：正丁醇、仲丁醇、叔丁醇、正戊醇、仲戊醇、叔戊醇、苄醇。

相关反应：$ROH + HCl \xrightarrow{ZnCl_2} RCl + H_2O$

试验原理：醇羟基被氯取代，生成的氯代烃不溶于水而产生浑浊。反应的速率取决于烃基结构。

苄醇、烯丙型醇和叔醇立即反应；仲醇需温热引发才能反应；伯醇在试验条件下无明显反应，氯化锌的作用是与醇形成锌盐（ $R—\overset{+}{\underset{\underset{H}{|}}{O}}—\overset{-}{Zn}Cl_2$ ）以促使 C—O 键的断裂。多于 6 个碳原子的醇不溶于水，故不能用此法检验。甲醇、乙醇所生成的氯代烃具较大挥发性，故亦不适用此法。本试验的关键在于尽可能保持 HCl 的浓度。为此，所用器具均应干燥，配制试剂时用冰水浴冷却，加热反应时温度不宜过高，以防止 HCl 大量逸出。

(4) 氧化试验

在试管中加入 1mL (7.5mol) 硝酸，再加入 3～5 滴 5%重铬酸钾溶液，然后加入数滴样品，摇动后观察。若溶液由橙红色转变为蓝绿色，则样品为伯醇或仲醇；若无颜色变化，则样品为叔醇。

样品：正丁醇、仲丁醇、叔丁醇、异丙醇。

相关反应：

$$RCH_2OH \xrightarrow{K_2Cr_2O_7+HNO_3} RCOOH + Cr^{3+} \text{（蓝绿色）}$$

$$R_2CHOH \xrightarrow{K_2Cr_2O_7+HNO_3} R_2C{=}O + Cr^{3+} \text{（蓝绿色）}$$

试验原理：硝酸与重铬酸钾的混合溶液在常温下能氧化大多数伯醇及仲醇，同时橙红色的 $Cr_2O_7^{2-}$ 转变为蓝色的 Cr^{3+}，溶液由橙红色转变为蓝绿色，而叔醇不能被氧化。可借此将叔醇与伯、仲醇区别开。

(5) 氢氧化铜试验

在试管中加入 3 滴 5%硫酸铜溶液和 6 滴 5%氢氧化钠溶液，观察记录现象变化。再加入 5 滴 10%醇样品水溶液，摇振，观察记录现象变化。最后向试管中加入 1 滴浓盐酸，摇振并记录现象变化。

样品：正丁醇、异丙醇、乙二醇、甘油。

试验原理：硫酸铜与氢氧化钠作用产生氢氧化铜淡蓝色沉淀。邻位二醇或邻位多元醇可与新鲜的氢氧化铜形成络合物而使沉淀溶解，形成绛蓝色溶液。加入盐酸后，络合物分解为原来的醇和铜盐。

5.4 酚的鉴定

(1) 酚的弱酸性

取 0.1g 样品于试管中，逐渐加水摇振至全溶，用 pH 试纸检验水溶液的弱酸性。若不溶于水，可逐滴滴加 10%氢氧化钠溶液至全溶，再滴加 10%盐酸溶液使其析出，解释各步现象变化。

样品：苯酚、间苯二酚、对苯二酚、邻硝基苯酚。

相关反应（以苯酚为例）：

$$C_6H_5OH + NaOH \longrightarrow C_6H_5O^-Na^+ + H_2O$$

$$C_6H_5O^-Na^+ \xrightarrow{HCl} C_6H_5OH + Na^+Cl^-$$

试验原理：酚类化合物有弱酸性，与强碱作用生成酚盐而溶于水，酸化后酚重新游离出来。

(2) 三氯化铁试验

在试管中加入0.5mL 1%样品水溶液或稀乙醇溶液，再加入2～3滴1%三氯化铁水溶液，观察各种酚所表现的颜色。

样品：苯酚、水杨酸、间苯二酚、对苯二酚、邻硝基苯酚、苯甲酸。

相关反应（以苯酚为例）：

$$6\,C_6H_5OH + FeCl_3 \longrightarrow 3HCl + [Fe(OC_6H_5)_6]^{3-} + 3H^+$$

试验原理：酚类与Fe^{3+}络合，生成的络合物电离度很大而显现出颜色。不同的酚，其络合物的颜色大多不同，常见者为红色、蓝色、紫色、绿色等。间羟基苯甲酸、对羟基苯甲酸和大多数硝基酚类无此颜色反应。α-萘酚、β-萘酚及其他一些在水中溶解度太小的酚，其水溶液的颜色反应不灵敏或不能反应，必须使用乙醇溶液才可观察到颜色反应。有烯醇结构的化合物也可与三氯化铁发生颜色反应，反应后颜色多为紫红色。

(3) 溴水试验

在试管中加入0.5mL 1%样品水溶液，逐滴加入溴水。溴的颜色不断褪去，观察有无白色沉淀生成。

样品：苯酚、水杨酸、间苯二酚、对苯二酚、邻硝基苯酚、对羟基苯甲酸、苯甲酸。

相关反应（以苯酚为例）：

$$C_6H_5OH + Br_2 \longrightarrow 2,4,6\text{-}Br_3C_6H_2OH \downarrow + 3HBr$$

试验原理：酚类易于溴化，生成的多取代酚类因不溶于水而以沉淀析出。但分子中含有易与溴发生取代反应的氢原子的其他化合物，如芳香胺、硫醇等也有同样的反应，可能对本试验造成干扰。间苯二酚的溴代产物在水中溶解度较大，需加入较多的溴水才能产生沉淀。

5.5 醛和酮的鉴定

醛和酮都具有羰基，可与苯肼、2,4-二硝基苯肼、羟胺、氨基脲、亚硫酸氢钠等试剂加成。这些反应常作为醛和酮的鉴定反应，此处只选取了2,4-二硝基苯肼试验和亚硫酸氢钠试验两例。Tollens 试验、Fehling 试验、Schiff 试验是醛所独有的，常用来区别醛和酮。碘仿试验常用以区别甲基酮和一般的酮。

(1) 2,4-二硝基苯肼试验

2,4-二硝基苯肼试剂的配制：取 2,4-二硝基苯肼 1g，加入 7.5mL 浓硫酸，溶解后将此溶液慢慢倒入 75mL 95%乙醇中，用水稀释至 250mL，必要时过滤备用。

鉴定试验：取 2,4-二硝基苯肼试剂 2mL 于试管中，加入 3～4 滴样品（固体样品可用最少量的乙醇或二氧六环溶解后滴加），振荡，静置片刻，若无沉淀析出，微热半分钟再振荡，冷却后有橙黄色或橙红色沉淀生成，表明样品是醛或酮。

样品：乙醛水溶液、丙酮、苯乙酮。

相关反应：

$$\mathrm{RR'(H)C{=}O} + \mathrm{O_2N{-}C_6H_3(NO_2){-}NHNH_2} \longrightarrow \mathrm{O_2N{-}C_6H_3(NO_2){-}NHN{=}C R(R'(H))}$$

试验原理：产物 2,4-二硝基苯腙易于沉淀且有颜色（黄色、橙黄色或橙红色），因而可以方便地检测出醛和酮。缩醛可水解生成醛，苄醇、烯丙型醇易被试剂氧化生成醛或酮，因而也显正性试验。羧酸及其衍生物不与 2,4-二硝基苯肼加成。强酸或强碱性化合物能使未反应的 2,4-二硝基苯肼沉淀，可能干扰试验。此外，某些醇常含少量氧化产物，在试验中也会产生少量沉淀，故若试验中产生的沉淀极少，应视为负结果。

(2) 亚硫酸氢钠试验

饱和亚硫酸氢钠溶液的配制：在 100mL 40%亚硫酸氢钠溶液中加入不含醛的无水乙醇 25mL，如有少量亚硫酸氢钠结晶析出则需滤除。此溶液易于氧化和分解，故不宜久置，应随配随用。

鉴定试验：向试管中加入新配制的饱和亚硫酸氢钠溶液 2mL，再加入样品 6～8 滴，用力振荡后置于冰水浴中冷却，若有结晶析出，表明样品为醛、甲基酮或环酮。向其中加入 2mL 10%碳酸钠溶液或 2mL 5%盐酸，摇动后放在不超过 50℃的水浴中加热，观察并记录现象变化。

样品：乙醛、丙酮、3-戊酮、苯甲醛。

相关反应：

$$\mathrm{NaHSO_3} + \mathrm{R{-}\overset{O}{\overset{\|}{C}}{-}H(CH_3)} \longrightarrow \mathrm{R(H(CH_3))C(OH)(SO_3Na)}\downarrow$$

$$\mathrm{R(H(CH_3))C(OH)(SO_3Na)} \xrightarrow{Na_2CO_3} \mathrm{R{-}\overset{O}{\overset{\|}{C}}{-}H(CH_3)} + \mathrm{Na_2SO_3} + \mathrm{NaHCO_3}$$

$$\mathrm{R(H(CH_3))C(OH)(SO_3Na)} \xrightarrow{HCl} \mathrm{R{-}\overset{O}{\overset{\|}{C}}{-}H(CH_3)} + \mathrm{SO_2} + \mathrm{H_2O}$$

试验原理：亚硫酸氢根离子有强的亲核性，易与醛或酮的羰基加成，生成的羟基磺酸盐晶体在试验条件下不能全溶而呈沉淀析出，遇到酸或碱又分解为原来的醛或酮。由于亚硫酸氢根离子体积太大，本试验仅适合于醛、脂肪族甲基酮和不多于八个碳原子的环酮。

(3) 碘仿试验

碘-碘化钾溶液的配制：将 20g 碘化钾溶于 100mL 蒸馏水中，然后加入 10g 研细的碘粉，搅动至全溶，得深红色溶液。

鉴定试验：向试管中加入 1mL 蒸馏水和 3～4 滴样品（不溶或难溶于水的样品用尽量少的二氧六环溶解后再滴加），再加入 1mL 10%氢氧化钠溶液，然后滴加碘-碘化钾溶液并摇动，反应液变为淡黄色。继续摇动，淡黄色逐渐消失，随之出现浅黄色沉淀，同时有碘仿的特殊气味逸出，则表明样品为甲基酮。若无沉淀析出，可用水浴温热至 60℃左右，静置观察，若溶液的淡黄色已经褪去但无沉淀生成，应补加几滴碘-碘化钾溶液并温热后静置观察。

样品：乙醛水溶液、乙醇、丙酮、正丁醇、异丙醇。

相关反应：

$$RCOCH_3 + 3NaIO \longrightarrow RCOCI_3 + 3NaOH$$

$$RCOCI_3 \xrightarrow{NaOH} RCOONa + CHI_3\downarrow$$

试验原理：甲基酮的甲基氢原子被碘取代，生成的三碘甲基酮在碱性水溶液中转化为少一个碳原子的羧酸盐，同时生成碘仿。碘仿不溶于水而呈沉淀析出。具有甲基醇结构（$CH_3\overset{OH}{\overset{|}{C}}H—$）的化合物容易被次碘酸氧化为甲基酮，因此本实验中也呈现正性结果。

(4) Tollens 试验

在洁净的试管中加入 2mL 5%硝酸银溶液，振荡下逐滴滴加浓氨水，开始溶液中产生棕色沉淀，继续滴加氨水直至沉淀恰好溶解为止（不宜多加，否则影响试验的灵敏度），得一澄清透明的溶液。然后向其中加入 2 滴样品（不溶或难溶于水的样品可用数滴乙醇或丙酮溶解后滴加）。振荡，若无变化，可于 40℃的水浴中温热数分钟，有银镜生成者表明为醛类化合物。

样品：甲醛水溶液、乙醛水溶液、丙酮、苯甲醛。

相关反应：

$$AgNO_3 \xrightarrow{NH_3\cdot H_2O} AgOH\downarrow \xrightarrow{NH_3\cdot H_2O} [Ag(NH_3)_2]OH$$

$$RCHO + 2\ [Ag(NH_3)_2]OH \longrightarrow 2Ag\downarrow + RCOONH_4 + 3NH_3 + H_2O$$

试验原理：硝酸银在氨水作用下先生成氢氧化银沉淀，继而生成银氨络合物而溶于水，即为 Tollens 试剂。它是一种弱氧化剂，可将醛氧化成羧酸，而银离子则被还原成银附着于试管壁上成为银镜。酮一般不能被还原，所以 Tollens 试验是区别醛和酮的一种灵敏的试验。除醛之外，某些易于氧化的糖类、多元酚、氨基酚、某些芳香胺及其他一些具还原性的有机化合物也会使本试验呈正性反应。含—SH 或—CS 基团的化合物会生成 AgS 沉淀而干扰本试验。加有 NaOH 的 Tollens 试剂在空白试验中加热到一定温度也会有银镜生成，所以不加 NaOH 的银氨溶液的试验结果具有更大的可靠性。

Tollens 试验所用试管必须十分洁净，否则即使正性反应也不能形成银镜，而只能析出黑色絮状沉淀。为此，需将试管依次用温热的浓硝酸、水、蒸馏水洗涤后才可使用。Tollens 试剂久置或加热温度过高，会生成具有爆炸性的黑色氮化银沉淀（Ag_3N）和雷酸银（AgONC），因此只宜随配随用，加热温度不宜过高，一般在 40℃左右，最高也不宜超过 60℃。试验后应立即加入少量硝酸煮沸以洗去银镜。

(5) Fehling 试验

Fehling 试剂的配制：① Fehling A，溶解 7g 五水硫酸铜晶体（$CuSO_4\cdot 5H_2O$）于

100mL 水中。②Fehling B，溶解 34.6g 酒石酸钾钠晶体、14g 氢氧化钠于 100mL 水中。A、B 两溶液分别密封储存，使用前临时取等体积混合，即为 Fehling 试剂。

鉴定试验：取 Fehling A 和 Fehling B 各 0.5mL 在试管中混合均匀，然后加入 3～4 滴样品，在沸水浴中加热，若有砖红色沉淀生成则表明样品是脂肪族醛类化合物。

样品：甲醛水溶液、乙醛水溶液、丙酮、苯甲醛。

相关反应：$R—CHO+2Cu(OH)_2 \longrightarrow R—COOH+Cu_2O\downarrow+2H_2O$

试验原理：硫酸铜与氢氧化钠作用，产生的氢氧化铜与酒石酸钾钠形成蓝色的酒石酸铜络合物而溶于水。

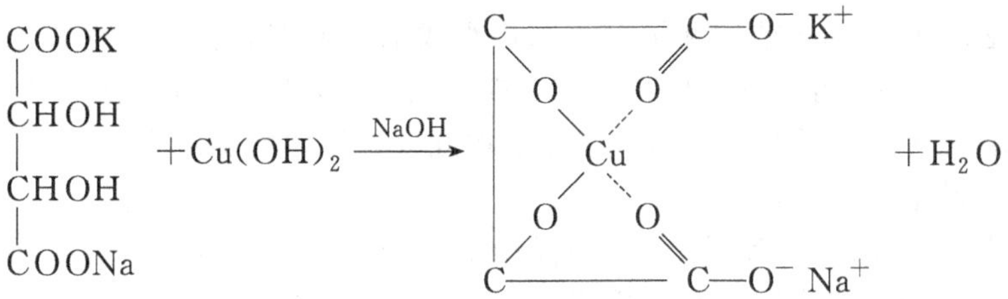

$$\begin{array}{l} COOK \\ \mid \\ CHOH \\ \mid \\ CHOH \\ \mid \\ COONa \end{array} + Cu(OH)_2 \xrightarrow{NaOH} \begin{array}{ccccc} C & \text{———} & & C—O^- & K^+ \\ \mid & \diagdown & & /\!\!/ & \\ \mid & O & & O & \\ \mid & & Cu & & \\ \mid & O & & O & \\ \mid & \diagup & & \diagdown\!\!\diagdown & \\ C & \text{———} & & C—O^- & Na^+ \end{array} + H_2O$$

这种铜离子络盐将水溶性的醛氧化成羧酸，同时 Cu^{2+} 被还原为 Cu^+，成为氧化亚铜沉淀析出。试验中沉淀颜色的变化通常是蓝→绿→黄→红色。芳香醛不溶于水，不能发生 Fehling 反应，故本试验可用于区别脂肪醛和芳香醛。由于酒石酸铜钠络合物不稳定，故混合均匀后的 Fehling 试剂应立即使用，不宜放置。

(6) Schiff 试验

Schiff 试剂的配制有以下两种方法：

① 方法一：将 0.2g 品红盐酸盐（也叫碱性晶红或盐基晶红）溶于 100mL 热水中，冷却后加入 2g 亚硫酸氢钠和 2mL 浓盐酸，再用蒸馏水稀释到 200mL。

② 方法二：在 20mL 水中通入二氧化硫使达饱和，加入 0.2g 品红盐酸盐搅拌溶解。放置数小时，待溶液呈无色或浅黄色时用蒸馏水稀释至 200mL，密封储存于棕色瓶中待用。

鉴定试验：取 1～2mL Schiff 试剂于试管中，滴入 3～4 滴样品（固体样品可用少许水或无醛乙醇或二氧六环溶解后滴加），放置数分钟观察颜色变化。若显紫红色，表明样品是醛。取此紫红色溶液 1 滴于另一试管中，再加入同种样品 4 滴，然后加入 4 滴浓硫酸，摇动。紫红色不褪且略有加深者为甲醛；紫红色褪去者为其他的醛。

样品：甲醛水溶液、乙醛水溶液、丙酮。

相关反应：

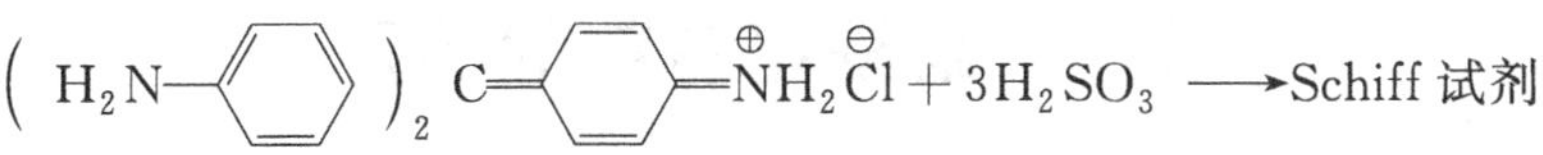

$$\left(H_2N—C_6H_4\right)_2C=C_6H_4=\overset{\oplus}{N}H_2\overset{\ominus}{Cl}+3H_2SO_3 \longrightarrow \text{Schiff 试剂}$$

品红盐酸盐（桃红色）

试验原理：桃红色的品红盐酸盐与亚硫酸作用，生成无色的 Schiff 试剂。醛可与 Schiff 试剂加成，生成带蓝影的紫红色产物，脂肪醛反应很快，芳香醛反应较慢；甲醛的反应产物遇硫酸不褪色，其他醛的反应产物遇硫酸褪色；丙酮在本试验中可产生很淡的颜色，其他酮则不反应。所以可用本试验区分醛和酮，也可区分甲醛和其他的醛。但一些特殊的醛如对氨基苯甲醛、香草醛等不显正性反应。1～3 个碳原子的醛的试验非常灵敏，其他醛则需 1mg 左右的样品才能呈正性反应。本试验操作应该注意：①Schiff 试剂不稳定，光照、受热、在空气中久置等都会失去二氧化硫而恢复为桃红色。遇此情况可再通入 SO_2 气体至无色后使用。②试验中生成的紫红色加成产物可与试剂中过量的 SO_2 作用生成醛的亚硫酸加成物（无色），结果使紫红色加成产物脱去醛而恢复为无色的 Schiff 试剂。所以试剂中过量的 SO_2

越多，试验的灵敏度越差。试验后静置，反应液的紫红色也会逐渐褪去。③无机酸的存在也会大大降低试验的灵敏度。

5.6 乙酰乙酸乙酯的鉴定

乙酰乙酸乙酯是由酮式结构和烯醇式结构组成的平衡混合体系：酮式 92.5%，烯醇式 7.5%。它兼具酮式和烯醇式的反应特征。二羰基化合物大都存在着这种互变异构体的平衡，因此，乙酰乙酸乙酯的结构鉴定试验代表了这类互变异构体的鉴定方法。

(1) 2,4-二硝基苯肼试验

在试管中加入 1mL 新配制的 2,4-二硝基苯肼溶液，然后加入 4～5 滴乙酰乙酸乙酯，振荡，有橙红色沉淀析出则表明存在酮式结构。

(2) 亚硫酸氢钠试验

在试管中加入 2mL 乙酰乙酸乙酯和 0.5mL 饱和亚硫酸氢钠溶液，振荡 5～10min，析出胶状沉淀则表明有酮式结构存在。再向其中加入饱和碳酸钠溶液，振荡后沉淀消失。

(3) 三氯化铁-溴水试验

在试管中滴入 5 滴乙酰乙酸乙酯，再加入 2mL 水，摇匀后滴入 3 滴 1%三氯化铁溶液，摇动，若有紫红色出现，表明有烯醇式或酚式结构存在。向此有色溶液中滴加 3～5 滴溴水，摇动后若颜色褪去，表明有双键存在。将此无色溶液放置一段时间，若颜色又恢复为紫红色，表明酮式结构可转化为烯醇式结构。

(4) 醋酸铜试验

将 0.5mL 乙酰乙酸乙酯与 0.5mL 饱和醋酸酮溶液在试管中混合并充分摇振，有蓝绿色沉淀生成。加入 1～2mL 氯仿再次振荡，沉淀消失，表明有烯醇式结构存在。

试验原理：乙酰乙酸乙酯的烯醇式结构中有两个配位中心（羟基和酯羰基），与铜离子生成络合物，但不溶于水而溶于氯仿。

5.7 硝基化合物的鉴定

硝基化合物的鉴定主要采用氢氧化亚铁试验。

硫酸亚铁溶液的配制：取 25g 硫酸亚铁铵和 2mL 浓硫酸加到 500mL 煮沸过的蒸馏水中，再放入一根洁净的铁丝以防止氧化。

氢氧化钾乙醇溶液的配制：取 30g 氢氧化钾溶于 30mL 水中，将此溶液加到 200mL 乙醇中。

鉴定操作：在试管中放入 4mL 新配制的硫酸亚铁溶液，加入 1 滴液体样品或 20～30mg 固体样品，然后再加入 1mL 氢氧化钾乙醇溶液，塞住试管口振荡，若在 1min 内出现棕红色氢氧化铁沉淀，表明样品为硝基化合物。

试验原理：硝基化合物能把亚铁离子氧化成铁离子，使之以氢氧化铁沉淀形式析出，而硝基化合物则被还原成胺。所有的硝基化合物都有此反应。但凡有氧化性的化合物如亚硝基化合物、醌类、羟胺等也都有此反应，可能对本试验形成干扰。

5.8 胺的鉴定

(1) 胺的碱性

在试管中放置3～4滴样品，在摇动下逐渐滴入1.5mL水。若不能溶解，可加热再观察。如仍不能溶解，可慢慢滴加10%硫酸直至溶解，然后逐渐滴加10%氢氧化钠溶液，记录现象变化。

样品：甲胺水溶液、苯胺。

脂肪胺易溶于水，芳香胺溶解度甚小或不溶。胺遇无机酸生成相应的铵盐而溶于水，强碱又使之还原。

(2) Hinsberg 试验

在试管中加入0.5mL样品、2.5mL 10%氢氧化钠溶液和0.5mL苯磺酰氯，塞好塞子，用力摇振3～5min。以手触摸试管底部，取下塞子，在不高于70℃的水浴中加热并摇振1min，冷却后用试纸检验，若不呈碱性，应再滴加10%氢氧化钠溶液至呈碱性，记录现象并作如下处理：若溶液清澈，可用6mol/L盐酸酸化。酸化后析出沉淀或油状物，则样品为伯胺。若溶液中有沉淀或油状物析出，亦用6mol/L盐酸酸化至蓝色石蕊试纸变红，沉淀不消失，则样品为仲胺。若始终无反应，溶液中仍有油状物，用盐酸酸化后油状物溶解为澄清溶液，则样品为叔胺。

样品：苯胺、*N*-甲苯胺、*N*,*N*-二甲苯胺。

试验原理：Hinsberg 试验是伯、仲或叔胺在碱性介质中与苯磺酰氯的反应，用以区别伯、仲、叔胺。伯胺与苯磺酰氯反应，生成的苯磺酰胺的氮原子上还有活泼氢原子，因而可溶于氢氧化钠溶液，用盐酸酸化后才成为沉淀析出。仲胺与苯磺酰氯反应，生成的苯磺酰胺的氮原子上没有活泼氢原子，不能溶于氢氧化钠溶液而直接生成沉淀（有时为油状物）析出，即使酸化也不溶解。叔胺氮原子上没有可被取代的氢原子，在试验条件下看不出反应的迹象，但实际情况要复杂得多。大多数脂肪族叔胺经历如下变化过程：

$$R_3N + C_6H_5SO_2Cl \longrightarrow C_6H_5SO_2NR_3Cl$$

所以看不到明显的反应现象。芳香族叔胺通常不溶于反应介质而呈油状物沉于试管底部。这时苯磺酰氯迅速与介质中的—OH作用，转化为苯磺酸，也观察不到明显的反应现象。但苯磺酰氯也会有一部分混溶于叔胺中，一起沉于底部而与介质脱离接触。所以需要加热使叔胺分散浮起，以使其中的苯磺酰氯全部转化为苯磺酸，否则在酸化以后，未转化的苯磺酰氯仍以油状存在，往往会造成判断失误。如果供试验的芳香族叔胺在反应介质中有一定程度的溶解，则可能导致复杂的次级反应，特别是使用过量试剂、加热温度过高、时间过长时，往往产生深色染料，即使再经酸化也难溶解。

因此，本试验应使用试剂级的胺以免混入杂质；加热温度不宜过高，时间不宜过长。

5.9 糖的鉴定

(1) Molish 试验 (α-萘酚试验)

在试管中加入 0.5mL 5%样品水溶液，滴入 2 滴 10% α-萘酚乙醇溶液，混合均匀后将试管倾斜约 45°角，沿管壁慢慢加入 1mL 浓硫酸（勿摇动）。此时样品在上层，硫酸在下层，若在两层交界处出现紫色的环，表明样品中含有糖类化合物。

样品：葡萄糖、蔗糖、淀粉、滤纸浆。

试验原理：本试验是糖类鉴定的通用试验。试验的原理一般认为是糖被浓硫酸脱水生成糠醛或糠醛衍生物，再进一步与 α-萘酚缩合成有色物质。

(2) Benedict 试验

Benedict 试剂的配制：将 173g 柠檬酸钠和 100g 无水碳酸钠溶于 800mL 水中。另将 17.3g 结晶硫酸铜溶于 100mL 水中。将硫酸铜溶液缓缓注入柠檬酸钠溶液中，如溶液不澄清，可过滤。

鉴定操作：在试管中加入 1mL Benedict 试剂和 5 滴 5%样品水溶液，在沸水浴中加热 2～3min，放冷，若有红色或黄绿色沉淀生成，表明样品为还原性糖。

样品：葡萄糖、果糖、蔗糖、麦芽糖。

试验原理：Benedict 试剂是二价铜离子的柠檬酸络合物的溶液，在反应中二价铜离子将糖中的醛基氧化为羧基而自身被还原成为红色的氧化亚铜沉淀。当沉淀的量较少时，在溶液中看去为黄绿色或黄色。当糖分子中存在游离的醛基、酮羰基（可经过烯二醇转化为醛基）或半缩醛结构（可开环游离出醛基）时，均可与 Benedict 试剂呈正性反应，因而统称为还原性糖。不能与 Benedict 试剂反应的糖则统称为非还原性糖。所有的单糖都是还原性糖。双糖则因糖苷键的位置不同而不同，分子中仍保留有半缩醛结构的双糖（如麦芽糖）为还原性糖，不存在这种结构的双糖（如蔗糖）不能游离出羰基，则属非还原性糖。硫醇、硫酚、肼、氢化偶氮、羟胺等类化合物会对本试验形成干扰。脂肪族醛、α-羟基酮在本试验中呈正性反应，而芳香醛不与 Benedict 试剂反应，所以本试验也常用以区别脂肪醛和芳香醛。

(3) Tollens 试验

参见 5.5 醛和酮的鉴定中的相关实验。

(4) Fehling 试验

参照醛和酮的鉴定中的相关实验。配制 Fehling A 和 Fehling B 溶液。取 A、B 两种溶液各 0.5mL 在试管中混匀，再加入 5 滴 5%样品溶液，在沸水浴中加热 2～3min，若有红色或黄绿色沉淀生成，表明样品为还原性糖。

样品：葡萄糖、蔗糖、淀粉、滤纸浆。

本试验的相关反应、试验原理及注意事项均参见麦芽糖成脎试验。

(5) 成脎试验

在试管中加入 1mL 5%样品溶液，再加入 0.5mL 10%苯肼盐酸盐溶液和 0.5mL 15%乙酸钠溶液，在沸水浴中加热并振摇，记录并比较形成结晶所需要的时间。若 20min 仍无结晶析出，取出试管慢慢冷到室温再观察。用宽口滴管移取一滴含有脎的悬浮液到显微镜的载片上，用显微镜观察脎的晶形并与已知的糖脎作比较。

样品：葡萄糖、果糖、蔗糖、麦芽糖。

试验原理：由于成脎反应是发生在 C_1 和 C_2 上，不涉及糖分子的其他部分，所以 D-葡萄糖、D-果糖和 D-甘露糖能生成相同的脎。但由于成脎的速度不同，仍然是可以区别的。还原性双糖（如麦芽糖）也能成脎，但它们的脎可溶于热水，所以需冷却后才能析出结晶。非还原性双糖（如蔗糖）不能成脎，若长时间加热则会水解而生成单糖的脎。

苯肼有较高毒性，取用时慎勿触及皮肤。若已沾染皮肤，先用稀醋酸洗，再用清水洗净。

(6) Seliwanoff 试验（间苯二酚试验）

间苯二酚盐酸试剂的配制：0.05g 间苯二酚溶于 50mL 浓盐酸中，再用水稀释至 100mL。

鉴定操作：在试管中加入 5 滴 5%样品溶液，再加入 1mL 间苯二酚盐酸试剂，在沸水浴中加热，记录溶液转变为红色所需要的时间。若溶液在 1～2min 内变为红色，说明样品为酮糖，否则为醛糖。

样品：葡萄糖、果糖、麦芽糖、蔗糖。

试验原理：酮糖在酸作用下失水生成 5-羟甲基呋喃甲醛，它与间苯二酚反应产生红色化合物，反应一般在半分钟内完成，溶液变为红色。醛糖形成羟甲基呋喃甲醛较慢，只有在样品浓度较高或加热时间较长时才能出现微弱的红色反应。双糖如能水解出酮糖，也会有正性反应。

(7) 淀粉的水解

在试管中加入 1mL 淀粉溶液，滴入 3～4 滴浓硫酸，在沸水浴中加热 5min，冷却后用 10%氢氧化钠溶液中和至呈中性，取数滴做 Benedict 试验。若有红色或淡黄色沉淀生成，表明淀粉已水解为葡萄糖。用未经水解的淀粉溶液作对比。

试验原理：淀粉是由多个葡萄糖单元以糖苷键连接而成的多糖，无还原性。在酸或淀粉酶作用下水解成葡萄糖而表现出还原性。

5.10 氨基酸和蛋白质的鉴定

蛋白质是由各种氨基酸按照不同的顺序缩聚而成的分子量巨大的聚合物，在酸、碱存在下或受酶的作用，可水解为分子量较小的胨、多肽等。水解的最终产物是各种氨基酸，其中以 α-氨基酸为主。氨基酸的鉴定以纸色谱法较为方便，此处只介绍鉴定蛋白质的两类常用的化学方法。

试验中所用的清蛋白溶液按以下方法制取：取鸡蛋一个，两头各钻一小孔，竖立，让蛋清流到烧杯里，加水 50mL，搅动。蛋清中的清蛋白溶于水，而球蛋白则呈絮状沉淀析出。在漏斗上铺 3～4 层纱布，用水湿润，将蛋白质过滤。大部分球蛋白被滤除，滤液中主要是清蛋白，供试验用。

(1) 蛋白质的颜色反应

① 茚三酮试验　将 0.1g 茚三酮溶解于 50mL 水中即制得茚三酮溶液（配制后两天内使

用，久置会失效)。在试管中加入 1mL 样品溶液，再滴入 2～3 滴茚三酮溶液，在沸水浴中加热 10～15min，出现紫红色或紫蓝色表明样品为蛋白质或 α-氨基酸或多肽。

样品：清蛋白溶液、1%甘氨酸、1%谷氨酸、1%酪氨酸。

适用范围：氨、铵盐及含有游离氨基的化合物（如伯胺）均有此颜色反应。蛋白质、多肽和一般的氨基酸都可用本试验检出，但脯氨酸和羟脯氨酸因氮原子上另有取代基，无此颜色反应。

② 黄蛋白试验　在试管中加入 1mL 清蛋白溶液，滴入 4 滴浓硝酸，出现白色沉淀。将试管置于水浴中加热。沉淀变为黄色。冷却后滴加 10%氢氧化钠溶液或浓氨水，黄色变为更深的橙黄色，表明蛋白质中含有酪氨酸、色氨酸或苯丙氨酸。

试验原理：试验中蛋白质首先被无机酸沉淀（白色）。若蛋白质分子中含有芳香环，则在加热时发生硝化反应，产生鲜黄色的硝化产物，该产物在碱性溶液中可生成负离子使颜色加深而呈橙黄色。

③ 双缩脲试验　在试管中加 10 滴清蛋白溶液和 15～20 滴 10%氢氧化钠溶液，混匀后加入 3～5 滴 5%硫酸镝溶液。摇动，有紫色出现，表明蛋白质分子中有多个肽键。

试验原理：脲加热至熔点以上，两分子间脱去一分子氨生成双缩脲，也称缩二脲，它与氢氧化铜在碱溶液中生成鲜红色络合物，此反应称为双缩脲反应。蛋白质、多肽分子中有多个类似的结构单元（肽键），也能与二价铜离子形成有色络合物。二肽、三肽和四肽在本试验中分别表现出蓝色、紫色和红色。蛋白质和多肽生成的络合物显紫色，可能是这几种颜色混杂的结果。氨基酸因不含肽键而无此反应，所以本试验可区别氨基酸和蛋白质。

④ 硝酸汞试验（Millen 反应）　硝酸汞溶液的配制：将 1g 金属汞溶于 2mL 浓硝酸中，用两倍水稀释，放置过夜，过滤。滤液中含有汞、硝酸汞、硝酸亚汞，此外还含有过量的硝酸和少量亚硝酸。

鉴定操作：取 2mL 清蛋白溶液于试管中，加入硝酸汞溶液 2～3 滴，有白色沉淀析出。用沸水浴加热，白色絮状沉淀聚成块状并显砖红色或粉红色。表明蛋白质中含有酪氨酸或色氨酸。

本试验的原理尚不清楚。

(2) 蛋白质的沉淀反应

① 蛋白质的可逆沉淀试验　取 2mL 清蛋白溶液于一支试管中，加入等体积饱和硫酸铵溶液（约 43%），振荡，溶液变浑浊或析出絮状沉淀。取 1mL 浑浊的溶液加在另一支试管里，加入 1～3mL 水振荡，沉淀重新溶解，表明蛋白质的沉淀是可逆的。

试验原理：碱金属盐和镁盐在相当高的浓度下能使许多蛋白质从它们的溶液中沉淀出来，这种作用称为盐析作用。硫酸铵的盐析作用特别显著。盐析作用的机制可能是蛋白质分子所带的电荷被中和，或者是蛋白质分子被盐脱去水化层而沉淀出来。在盐析作用中，蛋白质分子的内部结构未发生显著变化，基本保持了原有的性质，当除去造成沉淀的因素后，蛋白质沉淀又可溶解于原来的溶剂中，因而称为可逆沉淀。硫酸铵在中性或弱酸性溶液中都可沉淀蛋白质，其他的盐则需要使溶液呈酸性时才能使蛋白质沉淀完全。用同一种盐沉淀不同的蛋白质所需的浓度是不同的，因而可以进行蛋白质的分级盐析。例如向含有球蛋白和清蛋白的鸡蛋白溶液中加硫酸铵至半饱和，球蛋白析出，除去球蛋白后继续加硫酸铵至饱和，清蛋白析出。本试验所用蛋白质溶液已经除去了球蛋白，所以只是清蛋白的盐析。

② 蛋白质的不可逆沉淀试验

a. 重金属沉淀蛋白质　取 1mL 清蛋白溶液于试管中，加入 2 滴 1%硫酸铜溶液，立即产生沉淀。继续逐滴滴加过量（约 2～3mL）的硫酸铜溶液，沉淀又溶解。另取两支试管，分别用 0.5%醋酸铅、2%硝酸银溶液代替硫酸铜溶液进行试验，分析所得结果。

试验原理：蛋白质遇到重金属盐生成难溶于水的化合物，其过程是不可逆的，原因是蛋白质分子的内部结构，特别是空间结构被破坏，失去其原有的性质，当除去造成沉淀的因素后也不能再溶于原来的溶剂中，称为不可逆沉淀。加热、无机酸（如硫酸、硝酸、盐酸）、有机酸（如三氯乙酸、磺基水杨酸等）、振荡、超声波等因素都可能使蛋白质发生不可逆沉淀。当发生重金属中毒时，可用蛋白质作解毒剂，就是利用了不可逆沉淀原理。在本试验中，硫酸铜或醋酸铅所形成的蛋白质沉淀又溶解于过量的沉淀剂中，这是因为沉淀粒子上吸附有离子，与过量沉淀剂作用的结果，而不是蛋白质的溶解。如无过量的沉淀剂，即使用大量水稀释也不会溶解。

b. 苦味酸沉淀蛋白质　将 1mL 蛋白质溶液和 4～5 滴 1%醋酸溶液在试管中混合，再加入 5～10 滴饱和苦味酸溶液，观察是否有沉淀析出。

附　录

附录1　常见共沸混合物

表1　二元共沸混合物

组　分		共沸点/℃	共沸物质量组成	
A(沸点)	B(沸点)		A	B
水(100℃)	苯(80.6℃)	69.3	9%	91%
	甲苯(110.6℃)	84.1	19.6%	80.4%
	氯仿(61℃)	56.1	2.8%	97.2%
	乙醇(78.3℃)	78.2	4.5%	95.5%
	丁醇(117.8℃)	92.4	38%	62%
	异丁醇(108℃)	90.0	33.2%	66.8%
	仲丁醇(99.5℃)	88.5	32.1%	67.9%
	叔丁醇(82.8℃)	79.9	11.7%	88.3%
	烯丙醇(97.0℃)	88.2	27.1%	72.9%
	苄醇(205.2℃)	99.9	91%	9%
	乙醚(34.6℃)	110(最高)	79.76%	20.24%
	二氧六环(101.3℃)	87	20%	80%
	四氯化碳(76.8℃)	66	4.1%	95.9%
	丁醛(75.7℃)	68	6%	94%
	三聚乙醛(115℃)	91.4	30%	70%
	甲酸(100.8℃)	107.3(最高)	22.5%	77.5%
	乙酸乙酯(77.1℃)	70.4	8.2%	91.8%
	苯甲酸乙酯(212.4℃)	99.4	84%	16%
乙醇(78.3℃)	苯(80.6℃)	68.2	32%	68%
	氯仿(61℃)	59.4	7%	93%
	四氯化碳(76.8℃)	64.9	16%	84%
	乙酸乙酯(77.1℃)	72	30%	70%
甲醇(78.3℃)	四氯化碳(76.8℃)	55.7	21%	79%
	苯(80.6℃)	58.3	39%	61%
乙酸乙酯(77.1℃)	四氯化碳(76.8℃)	74.8	43%	57%
	二硫化碳(46.3℃)	46.1	7.3%	92.7%
丙酮(56.5℃)	二硫化碳(46.3℃)	39.2	34%	66%
	氯仿(61℃)	65.5	20%	80%
	异丙醚(69℃)	54.2	61%	39%
己烷(69℃)	苯(80.6℃)	68.8	95%	5%
	氯仿(61℃)	60.0	28%	72%
环己烷(80.8℃)	苯(80.6℃)	77.8	45%	55%

表 2　三元共沸混合物

组分(沸点)			共沸物质量组成			共沸点/℃
A	B	C	A	B	C	
水(100℃)	乙醇(78.3℃)	乙酸乙酯(77.1℃)	7.8%	9.0%	83.2%	70.3
		四氯化碳(76.8℃)	4.3%	9.7%	86%	61.8
		苯(80.6℃)	7.4%	18.5%	74.1%	64.9
		环己烷(80.8℃)	7%	17%	76%	62.1
		氯仿(61℃)	3.5%	4.0%	92.5%	55.6
	正丁醇(117.8℃)	乙酸乙酯(77.1℃)	29%	8%	63%	90.7
	异丙醇(82.4℃)	苯(80.6℃)	7.5%	18.7%	73.8%	66.5
	二硫化碳(46.3℃)	丙酮(56.4℃)	0.81%	75.21%	23.98%	38.04

附录 2　常用酸碱溶液的质量分数与物质的量浓度、密度对照表

酸碱名称	分子量	溶液名称	质量分数	物质的量浓度/(mol/L)	密度/(g/mL)
硫酸	98.1	浓硫酸	95%～98%	18	1.84
		稀硫酸	25%	3	1.18
		稀硫酸	9%	1	1.06
盐酸	36.5	浓盐酸	38.5%	12	1.19
		稀盐酸	20%	6	1.10
		稀盐酸	7%	2	1.03
硝酸	63	浓硝酸	65.5%	14	1.40
		稀硝酸	32%	6	1.20
		稀硝酸	12%	2	1.07
磷酸	98.0	浓磷酸	85%	14.7	1.7
		稀磷酸	9%	1	1.05
甲酸	46	甲酸	90%	23.7	1.20
高氯酸	100.5	稀高氯酸	19%	2	1.12
氢氟酸	18.91	浓氢氟酸	40%	23	1.13
氢溴酸	80.9	氢溴酸	40%	7	1.38
氢碘酸	127.9	氢碘酸	57%	7.5	1.70
醋酸	60	冰醋酸	99%～100%	17.5	1.05
		稀醋酸	35%	6	1.04
		稀醋酸	12%	2	1.02
氢氧化钠	40	浓氢氧化钠	33%	11	1.36
		稀氢氧化钠	8%	2	1.09
氨水	35	浓氨水	35%	18	0.88
		浓氨水	25%	13.5	0.91
		稀氨水	11%	6	0.96
		稀氨水	3.5%	2	0.99

附录3 酸碱指示剂

指示剂	英文名称	情况说明	变色 pH 值范围	颜色变化	溶液配制方法
甲基紫	Methyl violet	第一次变色范围	0.13～0.5	黄～绿	0.1%或0.05%水溶液
		第二次变色范围	1.0～1.5	绿～蓝	0.1%水溶液
		第三次变色范围	2.0～3.0	蓝～紫	0.1%水溶液
孙雀绿	Malachite green	第一次变色范围	0.13～2.0	黄～浅蓝～绿	0.1%水溶液
		第二次变色范围	11.5～13.2	蓝绿～无色	0.1%水溶液
甲酚红	Oresol red	第一次变色范围	0.2～1.8	红～黄	0.04g 指示剂溶于100mL 50%乙醇中
		第二次变色范围	7.2～8.8	亮黄～紫红	0.1g 指示剂溶于 100mL 50%乙醇中
百里酚蓝	Thymol blue	第一次变色范围	1.2～2.8	红～黄	0.1g 指示剂溶于 100mL 20%乙醇中
		第二次变色范围	8.0～9.6	黄～蓝	0.1g 指示剂溶于 100mL 20%乙醇中
茜素黄 R	Alizarin yellow R	第一次变色范围	1.9～3.3	红～黄	0.1%水溶液
		第二次变色范围	10.1～12.1	黄～淡紫	0.1%水溶液
茜素红 S	Alizarin red S	第一次变色范围	3.7～5.2	黄～紫	0.1%水溶液
		第二次变色范围	10.0～12.0	紫～淡黄	0.1%水溶液
苦味酸	Picric acid		0.0～1.3	无色～黄色	0.1%水溶液
甲基绿	Methyl green		0.1～2.0	黄～绿～浅蓝	0.05%水溶液
二甲基黄	Dimethyl yellow		2.9～4.0	红～黄	0.1g 或 0.01g 指示剂溶于 100mL 90%乙醇中
甲基橙	Methyl orange		3.0～4.4	红～橙黄	0.1%水溶液
溴酚蓝	Bromophenol blue		3.0～4.6	黄～蓝	0.1g 指示剂溶于 100mL 20%乙醇中
刚果红	Congo red		3.0～5.2	蓝紫～红	0.1%水溶液
溴甲酚绿	Bromocresol green		3.8～5.4	黄～蓝	0.1g 指示剂溶于 100mL 20%乙醇中
溴甲酚紫	Bromocresol purple		5.2～6.8	黄～紫红	0.1g 指示剂溶于 100mL 20%乙醇中
甲基红	Methyl red		4.4～6.2	红～黄	0.1g 或 0.2g 指示剂溶于 100mL 60%乙醇中
溴酚红	Bromophenol red		5.0～6.8	黄～红	0.1g 或 0.04g 指示剂溶于 100mL 20%乙醇中
溴百里酚蓝	Bromothymol blue		6.0～7.6	黄～蓝	0.05g 指示剂溶于 100mL 20%乙醇中

续表

指示剂	英文名称	情况说明	变色 pH 值范围	颜色变化	溶液配制方法
中性红	Neutral red		6.8～8.0	红～亮黄	0.1g 指示剂溶于 100mL 60%乙醇中
酚红	Phenol red		6.8～8.0	黄～红	0.1g 指示剂溶于 100mL 20%乙醇中
酚酞	Phenolphthalein		8.2～10.0	无色～紫红	0.1g 指示剂溶于 100mL 60%乙醇中
百里酚酞	Thymol phthalein		9.4～10.6	无色～蓝	0.1g 指示剂溶于 100mL 90%乙醇中
达旦黄	Titan yellow		12.0～13.0	黄～红	溶于水、乙醇
石　蕊	Litmus		5.0～8.0	红～蓝	0.5g 指示剂溶于 100mL 水

注：本附录中数据取自武汉大学分析化学教研室.《化学分析（下册）》.北京：人民教育出版社，1977。

附录 4　部分有机化合物的酸离解常数

名　称	pK_{a_1}	pK_{a_2}	名　称	pK_{a_1}	pK_{a_2}
2,4,6-三硝基苯酚	−0.2		间硝基苯甲酸	3.49	
三氟乙酸	0.25		对苯二甲酸	3.54	4.46
间氨基苯磺酸	0.39	3.72	邻苯甲酰苯甲酸	3.54	
对氨基苯磺酸	0.58	3.23	3-丁酮酸(18℃)	3.58	
三氯乙酸	0.64		间苯二甲酸	3.62	4.60
二氯乙酸	1.26		甲酸	3.75	
草酸(乙二酸)	1.27	4.27	间氯苯甲酸	3.82	
2,4-二硝基苯甲酸	1.43		肉桂酸(顺)	3.88	
顺丁烯二酸	1.94	6.22	对氯苯甲酸	3.99	
邻氨基苯甲酸	2.05	4.95	间羟基苯甲酸	4.08	9.93
邻硝基苯甲酸	2.17		2,4-二硝基苯酚	4.09	
对氨基苯甲酸	2.38	4.89	苯甲酸	4.21	
氟乙酸	2.59		丁二酸	4.21	5.64
3,5-二硝基苯甲酸	2.82		丙烯酸	4.26	
氯乙酸	2.86		苯乙酸	4.31	
溴乙酸	2.90		没食子酸(30℃)	4.34	8.85
邻氯苯甲酸	2.94		己二酸	4.43	5.41
乙酰丙酮(2,4-戊二酮)	8.2		邻甲苯酚	10.26	
苯甲酰丙酮	8.23		对甲苯酚	10.26	
水杨醛	8.34		丁二酮肟	10.60	
丁二酰亚胺	9.62		乙酰乙酸乙酯	10.68	
邻苯二甲酰亚胺	9.90		葡萄糖(18℃)	12.43	

续表

名　称	pK_{a_1}	pK_{a_2}	名　称	pK_{a_1}	pK_{a_2}
对苯二酚(30℃)	9.91	12.04	丙二酸二乙酯	13	
苯酚	9.99		甘油	14.15	
间甲苯酚	10.09		乙二醇	14.22	
邻苯二甲酸	2.95	5.41	水	15.74	
水杨酸(邻羟基苯甲酸)	3.00	13.4	肉桂酸(反)	4.44	
对羟基苯甲酸	4.58	9.23	乙醇	18	
丙酮	20		乙酸	4.76	
反丁烯二酸	3.02	4.38	乙炔	25	
d-酒石酸	3.04	4.37	异戊酸	4.78	
间氨基苯甲酸	3.07	4.74	苯胺	25	
正戊酸	4.84		三苯甲烷	31.5	
α-呋喃甲酸	3.16		丙酸	4.87	
碘乙酸	3.18		氨	34	
2,4,6-三氯苯酚	6.00		三甲基乙酸	5.05	
酒石酸(内消旋)	3.22	4.81	甲苯	35	
对硝基苯甲酸	3.44		苯	37	
碳酸	6.35	10.33	甲烷	40	

附录 5　常用有机溶剂的纯化

市售有机溶剂也像其他化学试剂一样有保证试剂（G. R.）、分析试剂（A. R.）、化学试剂（C. P.）、实验试剂（L. R.）及工业品等不同规格，可根据实验对溶剂的具体要求直接选用，一般不需作纯化处理。溶剂的纯化工作主要应用于以下几种情况：

① 某些实验对溶剂的纯度要求特别高，普通市售溶剂不能满足要求时；

② 溶剂久置，由于氧化、吸潮、光照等原因使之增加了额外的杂质而不能满足实验要求时；

③ 溶剂用量甚大，为避免购买昂贵的高规格溶剂而需要以较低规格溶剂代用时；

④ 溶剂回收再用时。

这里介绍的是前三种情况在实验室条件下的常用纯化方法，对于第四种情况则需先根据具体情况用其他方法除去大部分杂质后再参照本方法处理。

（1）环己烷（cyclohexane）　C_6H_{12}，分子量 84.16，无色液体，m. p. 6.5℃，b. p. 80.7℃，$d_4^{20}=0.7785$，$n_D^{20}=1.4266$，不溶于水，当温度高于 57℃时能与无水乙醇、甲醇、苯、醚、丙酮等混溶。

环己烷中所含杂质主要是苯，一般不需除去。若必须除去时，可用冷的混酸（浓硫酸与浓硝酸的混合物）洗涤数次，使苯硝化后溶于酸层而除去，然后用水洗去残酸，干燥分馏，压入钠丝保存。

（2）正己烷（*n*-hexane）　C_6H_{14}，分子量 86.2，无色挥发性液体，m. p. －94℃，b. p. 68.7℃，$d_4^{20}=0.6593$，$n_D^{20}=1.3748$，不溶于水，可与醇、醚、氯仿混溶。

沸程为60～70℃的石油醚，其主要成分是正己烷，故在许多情况下石油醚可代替正己烷作溶剂使用。市售化学纯的正己烷含量为95%，纯化方法是先用浓硫酸洗涤数次，继以0.1mol高锰酸钾的10%硫酸溶液洗涤，再以0.1mol高锰酸钾的10%氢氧化钠溶液洗涤，最后用水洗去残碱，干燥后蒸馏。

(3) 石油醚（petroleumether） 石油醚是低级烷烃的混合物，为无色透明易燃液体，不溶于水，可溶于无水醇及醚、氯仿、二硫化碳、四氯化碳、苯等有机溶剂。

市售石油醚有沸程为30～60℃、60～90℃和90～120℃三个规格，其中常含有不饱和烃（主要是芳烃），若需除去，其纯化方法同正己烷。

(4) 苯（benzene） C_6H_6，分子量78.11，无色透明液体，m.p.5.5℃，b.p.80.1℃，$d_4^{20}=0.8790$，$n_D^{20}=1.5011$，不溶于水，可溶于醇、醚、丙酮、冰醋酸等。

分析纯的苯通常可直接使用。如需要无水苯，可先用无水氯化钙干燥过夜，滤除氯化钙后压入金属钠丝作深度干燥。

普通苯中的主要有机杂质是噻吩（b.p.84℃），如欲制得无水无噻吩苯，可将苯与相当其体积10%浓硫酸一起在分液漏斗中振摇，静置分层后弃去酸层，加入新鲜硫酸并重复操作，直至硫酸层无色或仅呈淡黄色，且检验无噻吩存在为止。苯层依次用水、10%碳酸钠溶液、水洗涤，经无水氯化钙干燥后蒸馏，收集80℃馏分，压入钠丝保存备用。检验噻吩的方法是：取5滴苯于小试管中，加入5滴浓硫酸及1～2滴1% α,β-吲哚醌的浓硫酸溶液，摇振片刻，如呈墨绿色或蓝色，表示有噻吩存在。

苯为致癌物质，应在通风橱中操作。

(5) 甲苯（toluene） C_7H_8，分子量92.13，无色可燃液体，m.p. －95℃，b.p.110.6℃，$d_4^{20}=0.8669$，$n_D^{20}=1.4969$，不溶于水，可溶于醇、醚。

甲苯中含有甲基噻吩（b.p.112～113℃），如需除去，处理方法同苯中除噻吩的方法。由于甲苯比苯容易磺化，用浓硫酸洗涤时的温度应控制在30℃以下。

(6) 二氯甲烷（dichloromethane） CH_2Cl_2，分子量84.94，无色挥发性液体，不可燃。m.p.－97℃，b.p.40.1℃，$d_4^{20}=1.3266$，$n_D^{20}=1.4241$，微溶于水，可与醇、醚混溶。

市售化学纯二氯甲烷含量95%，一般可直接使用。如需纯化，可用5%碳酸氢钠溶液洗涤后再用水洗涤，用无水氯化钙干燥后蒸馏收集40～41℃馏分。纯化后的二氯甲烷应避光储存于棕色瓶中。

二氯甲烷不可用金属钠干燥，否则会发生爆炸。

(7) 氯仿（chloroform） $CHCl_3$，分子量119.39，无色挥发性液体，m.p.－63.5℃，b.p.61.7℃，$d_4^{20}=1.4832$，$n_D^{20}=1.4459$。

氯仿在光照下能被空气氧化产生剧毒的光气，故通常加入其质量1%～2%乙醇作为稳定剂。如需除去其中的乙醇，可将氯仿与相当其一半体积的水在分液漏斗中摇振后分去水层，再加水重复操作数次，分净水层，用无水氯化钙或无水碳酸钾干燥。另外一种纯化方法是将氯仿与相当其体积5%浓硫酸在分液漏斗中一起摇振，分去酸层，重复操作数次后再用水洗涤，干燥后蒸馏。除去了乙醇的氯仿必须装在棕色瓶中避光保存。

绝不允许用金属钠来干燥氯仿，因为会发生爆炸。

(8) 1,2-二氯乙烷（1.2-diehloroethane） $C_2H_4Cl_2$，分子量98.93，无色油状液体，有芳香味。m.p.－35.3℃，b.p.83.7℃，$d_4^{20}=1.2531$，$n_D^{20}=1.4448$，可与乙醇、乙醚、氯仿混溶。

一般纯化1,2-二氯乙烷可依次用浓硫酸、水、稀氢氧化钠溶液、水洗涤，用无水氯化钙干燥或加入五氧化二磷分馏即可。

(9) 甲醇 (methanol) CH_4O，分子量 32.04，无色透明易燃液体，m. p. －97.7℃，b. p. 64.96℃，$d_4^{20}=0.7914$，$n_D^{20}=1.3288$，可溶于水、醇、醚。

市售化学纯的甲醇含水量不超过 0.5%～1%。由于甲醇不与水形成共沸物，故可用精密分馏法除去其中的少量水。精密分馏制得的甲醇含量可达 99.5%或更高，但仍含有约 0.1%水和约 0.02%丙酮，可满足一般要求。如欲制得干燥程度更高的甲醇，可用金属镁做进一步干燥（参照绝对乙醇的制备方法），也可用 3A 或 4A 型分子筛干燥。

如欲制取无丙酮的甲醇，可将低规格的甲醇（如工业甲醇）500mL 与呋喃甲醛 25mL、10%氢氧化钠溶液 60mL 一起加热回流 6～12h，然后进行分馏，丙酮与呋喃甲醛生成树脂状物留在瓶底，馏出的是无丙酮的甲醇，然后根据需要决定是否需要做进一步的干燥处理。

(10) 乙醇 (ethylalcohol) C_2H_6O，分子量 46.07，无色、易燃、有烧辣味的液体，m. p. －115℃，b. p. 78.85℃，$d_4^{20}=0.7893$，$n_D^{20}=1.3616$。

市售普通乙醇是乙醇与水的恒沸混合物，含乙醇 95.57%及水 4.43%，习惯上称为 95%乙醇。乙醇的纯化是指对此种乙醇作进一步的干燥处理，以制取无水乙醇（含量 99.5%）或绝对乙醇（含量 99.95%）。

① 无水乙醇的制备：将普通乙醇用生石灰干燥可制得无水乙醇。在 250mL 圆底烧瓶中放置 100mL 95%乙醇和 25g 新煅烧的生石灰，塞紧瓶口放置一周（如不放置或放置时间较短，在后面的处理中要适当延长回流时间）。拔去塞子，装上回流冷凝管，并在冷凝管上口安装氯化钙干燥管，用水浴加热回流 2～3h，拆去冷凝管，改为蒸馏装置，蒸除前馏分后用已称重的干燥接收瓶接收正馏分，蒸至几乎不再有液体馏出为止，称重计量并计算回收率。这样制得的无水乙醇与市售无水乙醇相当，含量约为 99.5%。

② 绝对乙醇的制备：将自制的无水乙醇或市售分析纯的无水乙醇用金属镁或金属钠作进一步的干燥处理可制得绝对乙醇。

a. 用金属镁干燥　反应过程为：

$$Mg+2C_2H_5OH \longrightarrow Mg(OC_2H_5)_2+H_2$$

$$Mg(OC_2H_5)_2+2H_2O \longrightarrow Mg(OH)_2+2C_2H_5OH$$

在 100mL 圆底烧瓶中放入 0.3g 干燥的镁条（或镁屑），10mL 无水乙醇和几小粒碘，装上带有氯化钙干燥管的回流冷凝管，用热水浴加热（不要振摇），可观察到碘粒周围的镁开始反应，放出氢气并出现局部浑浊。反应逐渐激烈，碘的紫色逐渐褪去。待反应缓和后继续加热至镁基本消失，加入 40mL 无水乙醇和几粒沸石，再加热回流 0.5h，改成蒸馏装置，蒸馏收集绝对乙醇，密封储存备用。

b. 用金属钠干燥　反应过程为：

$$2Na+2C_2H_5OH \longrightarrow 2C_2H_5ONa+H_2$$

$$C_2H_5ONa+H_2O \rightleftharpoons C_2H_5OH+NaOH$$

由于第二步反应可逆，使醇中水不能完全除去，因而须加入邻苯二甲酸二乙酯（或丁二酸二乙酯），通过皂化反应除去反应中生成的氢氧化钠使反应向右移动。

$$C_6H_4(COOC_2H_5)_2 + 2NaOH \longrightarrow C_6H_4(COONa)_2 + 2C_2H_5OH$$

在 100mL 圆底烧瓶中放入 1g 刮去了氧化膜的金属钠，加入 50mL 无水乙醇，投入两粒沸石，按图 3-24(b) 安装的回流装置，加热半小时，然后加入 2g 邻苯二甲酸二乙酯，再回流 10min，改为带有干燥管的蒸馏装置，蒸馏收集绝对乙醇，产物密封存放。

无水乙醇和绝对乙醇都具有很强的吸湿性，故制备装置中的全部仪器都需充分干燥，同时在操作过程中必须防止水侵入。

(11) 异丙醇 (isopropanol)　C_3H_8O，分子量 60.06，无色油状可燃液体，m.p. −89.5℃，b.p. 82.5℃，$d_4^{20}=0.7854$，$n_D^{20}=1.3772$，可与水、醇、醚、氯仿混溶。

化学纯或分析纯的异丙醇作为一般溶剂使用并不需要做纯化处理，只有在要求较高的情况（如制备异丙醇铝）下才需要纯化。纯化的方法因起始溶剂的规格不同而不同。

① 化学纯或更高规格的异丙醇可直接用 3A 或 4A 型分子筛干燥后使用。

② 含量约 91%异丙醇可选用以下两种纯化方法中的任何一种进行纯化。

a. 加入新煅烧的生石灰回流 4～5h，用高效分馏柱分馏，收集 82～83℃馏分，用无水硫酸铜干燥数天，再次分馏至沸点恒定，含水量可低于 0.01%。

b. 加入其质量 10%粒状氢氧化钠摇振，分出碱液层，再加入氢氧化钠摇振，然后分出异丙醇作分馏纯化。

③ 异丙醇中含水量超过 20%者可加入固体氯化钠一起摇振，分层后将上层液分出（约含异丙醇 87%），分馏可得异丙醇含量为 91%的恒沸液，然后照上述干燥方法处理。

异丙醇容易产生过氧化物，有时在做纯化处理之前需先检验并除去过氧化物。检验的方法是取 0.5mL 异丙醇加入 1mL 10%碘化钾溶液和 0.5mL 稀盐酸 (1∶5)，再加几滴淀粉溶液振摇 1min，若显蓝色或蓝黑色即证明有过氧化物存在。除去过氧化物的方法是每升异丙醇加 10～15g 氯化亚锡回流半小时，重新检验，直至无过氧化物。

(12) 乙醚 (ethyl ether)　$C_4H_{10}O$，分子量 74.12，无色透明、易燃、易挥发的液体，m.p. 117.4℃，b.p. 34.51℃，$d_4^{20}=0.7138$，$n_D^{20}=1.3526$，微溶于水，可溶于醇、氯仿、苯等有机溶剂。

(13) 四氢呋喃 (tetrahydrofuran，THF)　C_4H_8O，分子量 72.10，无色液体，b.p. 66℃，$d_4^{20}=0.8892$，$n_D^{20}=1.4071$，可溶于水、乙醇。

市售四氢呋喃中含有少量水，存放较久者还可能含有少量过氧化物。在进行纯化处理之前需先检验并除去可能存在的过氧化物。

不含过氧化物的四氢呋喃可先用无水硫酸钙或固体氢氧化钾进行初步干燥，滤除干燥剂后按照每 250mL 四氢呋喃加 1g 氢化锂铝的比例加入氢化锂铝并在隔绝潮气的条件下回流 1～2h，然后常压蒸馏收集 65～67℃馏分（不可蒸干）。所得四氢呋喃精制品应在氮气保护下储存，如欲较久存放，还应加入 0.025%的 2,6-二叔丁基-4-甲基苯酚作抗氧剂。

(14) 二氧六环（二噁烷，dioxane）　$C_4H_8O_2$，分子量 88.10，无色易燃液体，m.p. 11.8℃，b.p. 101.1℃，$d_4^{20}=1.0337$，$n_D^{20}=1.4224$，可与水混容，也溶于大多数常见的有机溶剂。

普通二氧六环中含有少量乙醛、缩醛（ CH_3—〈O—O〉 ）和水，久置还可能产生少量过氧化物。纯化的方法是加入其质量 10%浓盐酸一起回流 3h，同时慢慢通入氮气以除去生成的乙醛。冷到室温后加入固体氢氧化钾直至不再溶解，分去水层。有机层用固体氢氧化钾干燥过夜，过滤，加入金属钠并加热回流数小时，蒸馏收集 101℃馏分，压入钠丝避潮储存。

(15) 乙酸乙酯 (ethyl acetate)　$C_4H_9O_2$，分子量 88.10，无色、易燃、有水果香味的液体，m.p. −83℃，b.p. 77℃，$d_4^{20}=0.9003$，$n_D^{20}=1.3723$，25℃时在水中的溶解度为 8.7% (质量分数)，可溶于乙醇、乙醚、丙酮、氯仿、苯等有机溶剂。

分析纯的乙酸乙酯含量 99.5%，可满足一般使用要求。工业乙酸乙酯含量 95%～98%，其中含有少量水、乙醇和醋酸，可选用下述任一方法纯化。

a. 于 100mL 乙酸乙酯中加进 10mL 醋酸酐和 1 滴浓硫酸，加热回流 4h，除去乙醇和水，然后分馏收集 76～77℃馏分，加入 2～3g 无水碳酸钾振荡。过滤后再蒸馏，收集 77℃馏分，产物纯度可达 99.7%。

b. 将乙酸乙酯先用等体积的 5%碳酸钠溶液洗涤，再用饱和氯化钙溶液洗涤，然后用无水碳酸钾干燥。滤除干燥剂后蒸馏收集 77℃馏分。

(16) 丙酮 (acetone)　C_3H_6O，分子量 58.08，无色易燃的挥发性液体，m.p. −94℃，b.p. 56.5℃，$d_4^{20}=0.7899$，$n_D^{20}=1.3591$，可与水、乙醇、乙醚、苯等混溶。

普通丙酮中常含有少量水及甲醇、乙醛等还原性杂质，分析纯的丙酮中含水量也高达 1%，可选用下列方法精制：

a. 在 100mL 丙酮中加入 0.5g 高锰酸钾回流，以除去还原性杂质。若高锰酸钾的紫色很快褪去，则需补加高锰酸钾并继续回流，直至紫色不再消失为止。蒸出丙酮，用无水碳酸钾或无水硫酸钙干燥。过滤，蒸馏收集 55～56.5℃馏分。

b. 在 100mL 丙酮中加入 4mL 10%硝酸银溶液及 35mL 0.1mol/L 氢氧化钠溶液，振荡 10min 以除去还原性杂质。过滤，滤液用无水硫酸钙干燥，再过滤。蒸馏滤液，收集 55～56.5℃馏分。

(17) 吡啶 (pyridine)　C_5H_5N，分子量 79.10，无色可燃液体，有特殊臭味，m.p. −42℃，b.p. 115.6℃，$d_4^{20}=0.9819$，$n_D^{20}=1.5095$，可与水、醇、醚及动植物油等多种溶剂相混溶。

分析纯的吡啶纯度高于 99.5%，可供一般情况使用，如需制无水吡啶，可加入粒状氢氧化钠或氢氧化钾加热回流，然后在隔绝潮气下蒸馏备用。无水吡啶具有很强的吸湿性，最好在精制品中加入粒状氢氧化钾并密封储存。

(18) *N*,*N*-甲基甲酰胺 (*N*,*N*-dimethylformamide，DMF)　C_3H_7NO，分子量 73.09，无色液体，m.p. −61℃，b.p. 153℃，$d_4^{20}=0.9487$，$n_D^{20}=1.4305$，可与水及大多数有机溶剂混溶，为非质子极性溶剂，被称为万能有机溶剂。

N,*N*-二甲基甲酰胺中含有少量水分，常压蒸馏时有些分解，产生二甲胺和一氧化碳。当有酸或碱存在时分解加快。所以若用固体氢氧化钾或氢氧化钠干燥会造成部分分解。较好的干燥方法是用硫酸钙、硫酸镁、氧化钡、硅胶或分子筛干燥，然后减压蒸馏，收集 76℃/4.79kPa (36mmHg) 的馏分。如其中含水较多，可加入十分之一体积的苯，在常压及 80℃下蒸去水和苯，然后用硫酸镁或氧化钡干燥，再减压蒸馏。

(19) 二甲亚砜 (dimethylsulfoxide，DMSO)　C_2H_6OS，分子量 78.13，无色、无臭、微带苦味的吸湿性液体，m.p. 18.45℃，b.p. 189℃，$d_4^{20}=1.0954$，$n_D^{20}=1.4783$，可溶于水、乙醇、乙醚、丙酮、氯仿等，是一种重要的非质子极性溶剂。

二甲亚砜中常含有少量水，常压蒸馏时会有些分解。若需制备无水二甲亚砜，可用活性氧化铝、氧化钡或硫酸钙干燥过夜，滤去干燥剂后减压蒸馏，收集 75～76℃/1.6 kPa (12mmHg) 或 64～65℃/0.533kPa (4mmHg) 的馏分，放入分子筛储存备用。二甲亚砜的蒸馏温度不应高于 90℃，否则会发生歧化反应产生部分二甲砜和二甲硫醚。二甲亚砜与氢化钠、高碘酸或高氯酸镁等混合时有爆炸危险，处理及使用时应予注意。

(20) 二硫化碳 (carbondisulfide) CS_2，分子量 76.14，无色挥发性易燃有毒的液体，新蒸出的纯品有甜味，而普通二硫化碳中常含有硫化氢、硫黄及硫氧化碳等杂质而具恶臭味，m.p. −111.6℃，b.p. 46.5℃，$d_4^{20}=1.2632$，$n_D^{20}=1.6319$，不溶于水，可与甲醇、乙醇、乙醚、苯、氯仿混溶。

一般有机合成实验对二硫化碳的纯度要求并不高，可在普通二硫化碳中加入少量研细的无水氯化钙，干燥后滤除干燥剂，水浴加热蒸馏收集。如需制备较纯的二硫化碳，可将试剂级的二硫化碳用 0.5%高锰酸钾水溶液洗涤 3 次以除去硫化氢，再加汞振摇以除去硫，最后用 2.5%硫酸汞溶液洗涤以除去恶臭味（除去残留的硫化氢），经氯化钙干燥后蒸馏收集。

附录 6 有机化学文献和手册中常见的英文缩写

英文缩写	英文全称	中文	英文缩写	英文全称	中文
aa	acetic acid	醋酸	co	columns	柱，塔，列
abs	absolute	绝对的	col	colorles	无色
ac	acid	酸	comp	compound	化合物
Ac	acetyl	乙酰基	con	concentrated	浓的
ace	acetone	丙酮	cor	corrected	正确的，校正的
al	alcohol	醇(通常指乙醇)	cr	crystals	结晶，晶体
alk	alkali	碱	cy	cyclohexane	环己烷
Am	amyl[pentyl]	戊基	d	decomposses	分解
amor	amorphous	无定形的	dil	diluted	稀释，稀的
anh	anhydrous	无水的	diox	dioxane	二噁烷，二氧杂环己烷
aqu	aqueous	水的，含水的	dip	deliquescent	潮解的，易吸湿气的
as	asymmetric	不对称的	distb	distillabie	可蒸馏的
atm	atmosphere	大气，大气压	dk	dark	黑暗的、暗(颜色)
b	boiling	沸腾	DMF	dimethyl	二甲基甲酰胺
bipym	bipyramidal	双锥体的	eff	efforescent	风化的，起霜的
bk	black	黑(色)	Et	ethyl	乙基
bl	blue	蓝(色)	eth	ether	醚，(二)乙醚
br	brown	棕(色)，褐(色)	exp	explodes	爆炸
bt	bright	嫩(色)，浅(色)	extrap	extrapolated	外推(法)
Bu	butyl	丁基	et. ac.	Ethyl acetate	乙酸乙酯
bz	benzene	苯	fl	flakes	絮片体
c	cold	冷的(塑料表面)无光(彩)	flr	fluorescent	荧光的
c	percentage concetration	百分(比) 浓度	fr	freezes	冻，冻结
chl	chloroform	氯仿	fr. p.	freezing point	冰点，凝固点

续表

英文缩写	英文全称	中文	英文缩写	英文全称	中文
fum	fuming	发烟的	mod	modification	(变)体,修改,限制
gel	gelatinous	胶凝的	mol	monoclinic	单斜(晶)的
gl	glacial	冰的	mut	mutarotatory	变旋光(作用)
glyc	glycerin	甘油	*n*	normal chain; refractive index	正链;折射率
gold	golden	(黄)金的,金色的	nd	needles	针状结晶
gr	green	绿的,新鲜的	*o*	ortho-	正、邻(位)
gran	granular	粒状	oct	octahedral	八面的
gy	gray	灰(色)的	og	orange	橙色的
h	hot	热	ord	ordinary	普通的
hex	hexagonal	六方形的	org	organic	有机的
hing	heating	加热的	orh	orthorhombic	斜方(晶)的
hp	heptane	庚烷	os	orgamic solvents	有机溶剂
hx	hexane	已烷	*p*	para-	对(位)
hyd	hydrate	水合物	pa	pale	苍(色)的
hyg	hygroscopic	收湿的	par	partial	部分的
i	insoluble	不溶(解)的	peth	petroleum ether	石油醚
i	iso-	异	pk	pink	桃红
ign	ignites	点火、着火	Ph	phenyl	苯基
in	inactine	不活泼的,不旋光的	pl	plates	板,片,极板
inflam	inflammable	易燃的	pr	prisms	棱镜,棱柱体,三棱形
infus	infusible	不熔的	Pr	propyl	丙基
irid	iridescent	彩虹色的	purp	purple	红紫(色)
la	large	大的	pw	powder	粉末,火药
lf	leaf	薄片,页	pym	pyramids	棱锥形,角锥
lig	ligron	石油英	rac	racemic	外消旋的
liq	liquid	液体,液态的	rect	rectangular	长方(形)的
lo	long	长的	res	resinous	树脂的
lt	light	光,明(朗)的,轻的	rh	rhombic	正交(晶)的
m	melting	熔化	rhd	rhombodral	菱形的,三角晶的
m	meta	间位(有机物命名) 偏(无机酸)	s	soluble	可溶解的
Me	methyl	甲基	*s*	secondary	仲、第二的
met	metallic	金属的	sc	scales	秤,刻度尺,比例尺
mior	microscopic	显微(镜)的,微观的	sf	softens	软化
min	mineral	矿石,无机的	sh	shoulder	肩

续表

英文缩写	英文全称	中文	英文缩写	英文全称	中文
silv	silvery	银的，银色的	to	toluene	甲苯
sl	slightly	轻微的	tr	transparent	透明的
so	solid	固体	trg	trigonal	三角的
sol	solution	溶液，溶解	undil	undiluted	未稀释的
solv	solvent	溶剂；有溶解力的	uns	unsymmetrical	不对称的
sph	sphenoidal	半面晶形的	unst	unstable	不稳定的
st	stable	稳定的	vac	vacuum	真空
sub	sublimes	升华	var	variable	蒸气
suc	supercooled	过冷的	vic	vicinal	连(1,2,3 或 1,2,3,4)
sulf	sulfuric acid	硫酸	visc	viscous	黏(滞)的
sym	symmetrical	对称的	volat	volatile 或 volatilises	挥发(性)的
syr	syrup	浆，糖浆	vt	violet	紫色
t	tertiary	特某基，叔，第三的	w	water	水
ta	tablets	平片体	wh	white	白(色)的
tcl	triclinic	三斜(晶)的	wr	warm	温热的、(加)温
tet	tetrahedron	四面体	wx	waxy	蜡状的
tetr	tetragonal	四方(晶)的	xyl	xylene	二甲苯
THF	tetrahydrofuran	四氢呋喃	ye	yellow	黄(色)的

主要参考文献

[1] 北京大学化学系有机化学教研室.有机化学实验.北京：北京大学出版社，1990.

[2] 兰州大学，复旦大学化学系有机化学教研室.有机化学实验.2版.北京：高等教育出版社，1994

[3] 曾昭琼.有机化学实验.3版.北京：高等教育出版社，2000.

[4] 单尚，等.基础化学实验（Ⅱ）-有机化学实验.2版.北京：化学工业出版社，2014.

[5] 李霁良.微型半微型有机化学实验.北京：高等教育出版社，2003.

[6] 山东大学、山东师范大学等高校合编.基础化学实验（Ⅱ）-有机化学实验.2版.北京：化学工业出版社，2007.

[7] 刘湘，等，有机化学实验.2版.北京：化学工业出版社，2014.

[8] 赵剑英，等，有机化学实验.2版.北京：化学工业出版社，2015.

[9] 王玉良，等，有机化学实验.2版.北京：化学工业出版社，2014.

[10] 马祥梅，等，有机化学实验.北京：化学工业出版社，2011.

[11] 孔祥文，等，有机化学实验.北京：化学工业出版社，2011.